After Effects Collection

モーションデザインテクニック

山本 輔 著

After Effects Motion Design
Technique Collection

ソシム

はじめに

　皆さんは「モーションデザイン」を楽しんでいますか？

　モーションデザインはまだまだ身近とは言えないジャンルですが、それでもYouTube、デジタルサイネージ、ドラマのオープニング、テレビCM…さまざまな場所で「動くデザイン」「動くグラフィックス」を目にすることが多い時代となりました。

　見る機会が増えれば、それだけ作り手の需要も増えます。

　しかしながら、モーションデザイン（モーショングラフィックスを含む）を作る方法論や演出論はまだまだ数が少ないです。

　筆者も、2015年から「動画とモーショングラフィックスの学校BYND」でモーションデザインの教鞭をとってきましたが、まず「ツール（AfterEffects）の使い方」に苦戦し、その後「構成の作り方」に苦戦し、さらには「音・色・形・文字といった複数の情報の扱い方」に苦戦し…と、たくさんの壁にぶつかっては挫折しそうになる方をたくさん見て（そして励まして）きました。

　現在はYouTubeをはじめとしたチュートリアル動画も多数存在していますし、そちらを手ほどきにスタートすることができる時代です。私も多数のチュートリアルを重ねて学んできた身です。
　ですが、そこで足りなくなるのが「一貫性」です。どうやってツールを使い、どう画面構成や時間軸を組み立てて、どう演出して、そしてどうやって「魅せる」か…。

本書では「AfterEffectsというモーションデザインのツールを使ってみたけど、どうしても腹落ちできなかった方」「ちょっと挫折しそうになってしまった方（それでも、本書を手に取ったというあなたはまだくじけていないはず！）」に向けて、できる限りわかりやすく「どうやってツールの使い方から構成～演出までを考えるか」にフォーカスを当てました。

　前半はハマりやすい「オペレーションの落とし穴」について解説しています。中盤から「シンプルなワンカットの組み立て方」に入り、後半では「一連のシーケンス（コンポジション）をどう演出するか」に入って学べるように構成しました。

　皆様のモーションデザインに少しでも役に立てるように。
　少しでも、悩みが解消できますように。

　そのような思いを込めて書かせていただきました。
　ぜひ、小説を読むような心持ちで「楽しんでいただけると」幸いです。

2024年11月　山本 輔

CONTENTS

はじめに	002
紙面の読み方	010
本書について	011
ダウンロードデータについて	012
本書の解説のコンポジション設定	013

Chapter1　押さえておきたい After Effects の基礎概念

001	平面とシェイプの違い	016
002	数値的に美しいシェイプの作り方	018
003	エフェクトをスクラブで確認する	020
004	値グラフと速度グラフ	022

Chapter2　基本編　トランジションのテクニック

005	トラックマットを活用したトランジション	026
006	横にスライドして切り替えるアニメーション	028
007	シェイプとトラックマットを使ったトランジション	031
008	平面とエフェクトとトラックマットを組み合わせたトランジション	035
009	デザインを組み合わせたトランジション	038
010	トラックマットだけでデザインを作るトランジション	043

Chapter3　基本編　テキスト・テロップのテクニック

011	文字がジグザグに登場するアニメーション	046
012	文字がグリッチで変化するアニメーション	049
013	文字を分解して1文字ずつ表現する手法	052
014	文字が粉々に砕け散っていくアニメーション	056
015	のれんのように出てくるテキスト	059
016	マットスライドテキストアニメーション	061
017	縁取りから全体が表示されるテキストアニメーション	063
018	縁取りが順序立てて現れるテキストアニメーション	066
019	3D テキストサークル	069

Message　After Effects に必要なのは「いい加減さ」と「注意散漫力」？　072

Chapter4　基本編　アニメーション表現のテクニック

020	シェイプが液体のようにつながるアニメーション	074
021	アニメートを重ねがけして複雑に動くアニメーション	077
022	カメラを使ったふわふわアクション	081
023	シェイプだけで作るモーションアイコン	083
024	シンプルな立体キューブを作る	088
025	蝶々が3Dに飛ぶアニメーション	091
026	文字が空中に浮くアニメーション	095
027	インクのにじみを表現するアニメーション	098
028	BallAction によるウェーブアニメーション	100
029	標準エフェクトだけで作る水表現	102
030	地面がシェイクする表現	108
031	ラフエッジを使った集中線	111

Chapter5　基本編　インフォグラフィックスのテクニック

032	円グラフのアニメーション	116
033	数値と棒グラフが一致するアニメーション	119
034	矢印が延びていくアニメーション	122

Chapter6　応用編　モーションデザイン複合テクニック

035	タイル素材を複数作る	128
036	タイル素材の色を変更する	131
037	フレームをずらして登場させる手法	134
038	じんわり動く草花アニメーション❶ Illustratorでのレイヤー分割テクニック	136
039	じんわり動く草花アニメーション❷　草花を揺らすテクニック	138
040	じんわり動く草花アニメーション❸　ループの種類	140
041	じんわり動く草花アニメーション❹ テクスチャ表現と動画素材のループ	143
042	パララックス表現❶　パララックスを作るプラグイン	146
043	パララックス表現❷　パーティクルを加えて彩りを増す	149
044	音と連動して動くスピーカー❶　オーディオ振幅	152
045	音と連動して動くスピーカー❷　オーディオスペクトラム	156
046	フライングオーブ❶　背景の質感を整える	159
047	フライングオーブ❷　幾何学模様のボールを作る	163
048	フライングオーブ❸　ボールを空間に曲線を描いて飛ばす	168
049	フライングオーブ❹　ボールの加減速をコントロールする	173
050	フライングオーブ❺　ボールの加減速に物理的なバウンスを入れる	176
051	フライングオーブ❻　星雲のような表現を文字から作る	180
052	フライングオーブ❼　ランダムなトラックマット素材を作る	184
053	フライングオーブ❽　文字表現と差モードの活用方法	187
054	さまざまなアニメーション表現❶　空間パス	191

055	さまざまなアニメーション表現 ❷　クリエイトヌルフロムパス	194
056	さまざまなアニメーション表現 ❸　パカパカアニメ	197
057	さまざまなアニメーション表現 ❹　モーションタイル	199
058	モーションスケッチ	202
059	オートトレースでパスアニメーション ❶　パスをトレース	204
060	オートトレースでパスアニメーション ❷　装飾表現	208

Chapter7　応用編　業務効率化のテクニック

061	複数のレイヤーをまたいでキーフレームをコピー＆ペーストする	214
062	After Effects を英語版で起動させる	216
063	キーボードショートカットをカスタマイズする	217
064	ディスクキャッシュを管理する	218
065	AI を使ってエクスプレッションを生成する	219
066	Illustrator の ai ファイルを使用する際の注意点	220
067	レンダリングが重いときの対処法	221
068	動画に載せる際の透過素材ファイルを書き出す方法	222
069	複数のコンポジションを並列で確認する	223
070	エッセンシャルグラフィックスを活用する	224
071	アニメーションプリセットを活用する	227
072	Adobe Bridge で効果を確認しながらプリセットを適用する	229
073	Web 上のエクスプレッション活用テクニック	232

| Message | チュートリアルの使い方 | 234 |

Chapter8　応用編　イラストモーションデザイン

074	イラストモーション A- ❶	パペットピンの利用	236
075	イラストモーション A- ❷	RepeTile	240
076	イラストモーション A- ❸	レイヤースタイル	243
077	イラストモーション A- ❹	時間置き換え	246
078	イラストモーション B- ❶	コロラマと loopOut の offset	250
079	イラストモーション B- ❷	目標範囲にクロップ	253
080	イラストモーション B- ❸	差とフラクタルノイズとトラックマット	255
081	イラストモーション B- ❹	コロラマエフェクトの応用	259
082	イラストモーション B- ❺	ロトブラシでキャラクターを切り抜く	262
083	イラストモーション B- ❻	ロトブラシとキーイングの併用	264
084	イラストモーション B- ❼	プラグインエフェクト DisplacerPro	267

Chapter9　応用編　テキストモーションデザイン

085	テキストモーション ❶	線の細い文字表現	272
086	テキストモーション ❷	テキストの配置と挙動	274
087	テキストモーション ❸	リピーターを使った表現	278
088	テキストモーション ❹	文字がずれたような表現	281
089	テキストモーション ❺	ウィグラーとウィグリーの違い	284
090	テキストモーション ❻	細かいレイヤーの積み重ねによるグリッチ表現	287

| Message | 動画を作り続ける理由は「あなたの世界を見せてほしいから」 | 290 |

Chapter10　総合演出編　モーションデザイン総合

091	演出構造の確認	292
092	大きなコンポジションを使用した画面挙動	296
093	カットを使ったトランジションテクニック	298
094	カットトランジションに扱いやすいエフェクトテクニック	302
095	文字をシェイプ化する実例	306
096	画面全体のシェイプ配置について ❶	308
097	画面全体のシェイプ配置について ❷	311
098	テキスト表現の実例 ❶	314
099	テキスト表現の実例 ❷	316
100	細かい模様を多数活用したパターン素材作成	319
101	質感表現	323

紙面の読み方

タイトルとリード
タイトルとリード文です。
この Tips の概要を記載しています。

Tips 番号
本書では全 101 の After Effects の Tips を紹介しています。

サンプルムービー
この解説で作成するムービーの完成動画です。ダウンロードデータに含まれています。

動画の流れ
この解説で作成する動画の流れです。

操作解説
After Effects での操作解説です。解説内の赤丸数字は画像上の赤丸数字と連動しています。

補足説明
操作解説の補足説明です。

005

TEC005.mp4

トラックマットを活用したトランジション

トラックマットは表現の幅を広げるのに有用な機能です。表現としてはマスクと同じですが、パスコントロール以外の位置コントロール、スケールコントロールが容易に作れるため、さまざまな表現に活用されています。

1 コンポジションの状態を確認する

練習用データ005の「作業前_トラックマットを活用したトランジション」を開いてください。6秒目までビジネスマンのイラスト❶、4秒目から忍者のイラスト❷が表示されるようになっており、一番上にテキストレイヤー❸が重なっています。

2 テキストレイヤーを忍者のイラストのトラックマット（マスク）に指定する

［**タイムライン**］パネルで「TheNinja.ai」❹を選択したら、トラックマットのピックウィップ（渦巻のアイコン）から「HERE COMES NINJA■」❺をクリックします。

ピックウィップは「トラックマット」の右側の「親とリンク」にも表示されていますが、機能はまったく異なるので間違えないようにしましょう。

026

本書について

● 本書で使用している After Effects について

本書は Mac 版 & Windows 版の After EffectsCC2025 に対応しています。紙面での解説は Mac 版での解説が基本となっています。Adobe Creative Cloud のアプリケーションソフトはバージョンアップが随時行われるため、他バージョンの場合はツール名・メニュー名などが異なる場合があります。あらかじめご注意ください。

● Windows をお使いの方へ

本書ではキーを併用する操作やキーボードショートカットについて、Mac のキーを基本に表記しています。
Windows での操作の場合は、option → alt 、⌘ → ctrl と読み替えてください。

● After Effects の基本操作について

本書は「After Effects をある程度使える方」を対象として執筆しています。そのため、After Effects の基本操作については解説を割愛しています。After Effects の基本操作につきましては、専門書またはインターネット等でお調べください。何卒、ご理解のほどをお願いいたします。

ダウンロードデータについて

本書のレッスンで使用している練習用データは、以下の Web サイトからダウンロードすることができます。なお、練習用データを使用するには、お使いのパソコンに After Effects（バージョン CC2025 以上）がインストールされている必要があります。

https://www.socym.co.jp/book/1497

◯ 練習用データご使用の際の注意事項

- 練習用データはデータ容量が大きいため、ダウンロードに時間がかかる場合があります。低速または不安定なインターネット環境では正しくダウンロードできない場合もありますので、安定したインターネット環境でダウンロードを行ってください。
- 練習用データをダウンロードする際は十分な空き容量をパソコンに確保してください。空き容量が不足している場合はダウンロードできません。
- 練習用データは ZIP 形式に圧縮していますので、ダウンロード後、展開してください。
- 練習用データを使用するには、お使いのパソコンに After Effects（CC2024 以降）がインストールされている必要があります。

◯ 練習用データで使用しているフォントについて

一部の練習用データにはフォントを使用されています。もし同じフォントをお持ちでない場合は、他のフォントに置き換えて作業を行ってください。

◯ 作例で使用している素材について

紙面で解説している一部の作例には Adobe Stock の素材を使用しています。練習用データには Adobe Stock の素材は含まれていませんので、あらかじめご了承ください。Adobe Stock をご契約されている方は、同サイトより素材データを入手して紙面の解説をご覧ください。Adobe Stock をご契約されていない場合は、紙面解説のみを参考にしてください。

◯ 練習用データの使用許諾について

ダウンロードで提供している練習用データは、本書をお買い上げくださった方が After Effects を学ぶためのものであり、フリーウェアではありません。After Effects の学習以外の目的でのデータ使用、コピー、配布は固く禁じます。なお、練習用データの使用によって、いかなる損害が生じても、ソシム株式会社および著者は責任を負いかねます。あらかじめご了承ください。

本書の解説のコンポジション設定

本書では101の項目に分けてAfter Effectsのテクニックを紹介しています。そのすべてでコンポジション設定を分けてしまうと説明が煩雑になるため、特に指定がないTipsではコンポジション設定を下記に統一しています。

❶ プリセット：「HDTV 1080 29.97」を選んだ状態
❷ 縦：1080px　横：1920px
❸ ピクセル縦横比：正方形ピクセル
❹ フレームレート：29.97
❺ 開始タイムコード：0;00;00;00
❻ デュレーション：0:00:10;00
❼ 背景色：黒

013

免責事項

Adobe、After Effects は、Adobe Systems Inc. の各国における商標または登録商標です。Apple、Macintosh、Mac、Mac OS、Mac OS X は Apple Computer, Inc. の米国および各国における商標または登録商標です。その他、本書に掲載されているすべてのブランド名と製品名、商標または登録商標は、それぞれ帰属者の所有物です。本書中に ®、©、TM は明記していません。

- ■本書はソシム株式会社が出版したもので、本書に関する権利、責任はソシム株式会社が保有します。
- ■本書のいかなる部分についても、ソシム株式会社との書面による事前の同意なしに、電気、機械、複写、録音、その他のいかなる形式や手段によっても、複製、および検索システムへの保存や転送は禁止されています。
- ■本書の内容は参照用としてのみ使用されるべきものであり、予告なしに変更されることがあります。また、ソシム株式会社がその内容を保証するものではありません。本書の内容に誤りや不正確な記述がある場合も、ソシム株式会社および著者はその一切の責任を負いません。
- ■本書に記載されている内容の運用によって、いかなる損害が生じても、ソシム株式会社および著者は責任を負いかねますので、あらかじめご了承ください。

Chapter 01

押さえておきたい
After Effectsの基礎概念

001 平面とシェイプの違い

独学や自己流で After Effects を学んだ方の中には「基礎知識があやふや」という方もいらっしゃると思います。この章では、最初に理解しておきたい After Effects の基礎概念について解説します。

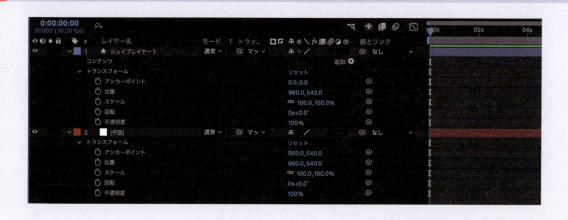

1 平面レイヤーとシェイプレイヤーの違い

「1920×1080pxのコンポジションサイズをぴったり白く塗りつぶす平面」を描くときに、平面レイヤーで作成するか、シェイプレイヤーで作成するか……。どうでしょうか？

平面レイヤーを展開すると［**トランスフォーム**］の中に［**アンカーポイント**］［**位置**］［**スケール**］［**回転**］［**不透明度**］の項目があります❶。

一方、シェイプレイヤーも［トランスフォーム］の中に［アンカーポイント］［位置］［スケール］［回転］［不透明度］という項目があり、平面レイヤーと同じです❷。
しかし、シェイプレイヤーには［コンテンツ］❸があり、さらに［追加］からは❹のようにさまざまな項目を選択することができます。

この比較を見ると、圧倒的にシェイプレイヤーのほうが使い勝手がよさそうです。確かに平面レイヤーを使わずすべてシェイプレイヤーでコントロールするクリエイターも存在します。シェイプレイヤーは平面レイヤーの機能をすべて有しているため、代替が可能なのは間違いありません。

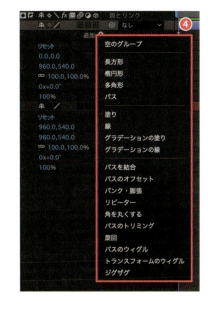

2 平面レイヤーとシェイプレイヤーそれぞれの利点

平面レイヤー、シェイプレイヤー、それぞれの利点は下表のとおりです。

	利点
平面レイヤー	● 細かい設定をしなくても、⌘＋Yのショートカットですぐに作れる。 ● プロパティが少ないので、設定する際に展開する数が少なくてすむ。
シェイプレイヤー	● プロジェクトパネルに「平面フォルダ」が作成されず、プロジェクトパネルが整理整頓しやすい。 ● タイムライン上でピクセル単位のサイズ調整が可能（平面レイヤーでは［レイヤー］メニュー＞［レイヤー設定］を開く必要あり）。 ● 調整レイヤースイッチを押すことで、そのまま調整レイヤーもしくはヌルオブジェクトの代替として活用できる。

筆者は最近「すべてシェイプレイヤーで作る」手法を活用しています。特に、「調整レイヤースイッチひとつで調整レイヤーにもヌルにも活用できる」というのは大きなアドバンテージです。また、プロジェクトパネル内の「平面フォルダ」がない状態も、一度体験すると離れられなくなりました。

押さえておきたいAfter Effectsの基礎概念

017

002 数値的に美しいシェイプの作り方

シェイプを描く場合、ツールをドラッグまたはクリックして描くと思います。しかし、この方法で描いたシェイプは数値的に半端な状態になります。ここでは数値的に美しいシェイプの描き方を紹介します。

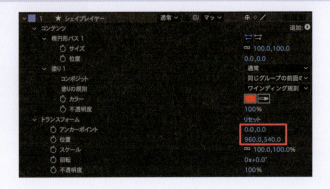

1 シェイプレイヤーの描き方

シェイプレイヤー上でたとえば「正円」を描くとき、[楕円形]ツール❶を選択し、[塗りの色][線の色][線幅]を設定したら❷、コンポジションパネルをドラッグするか❸、もしくは[楕円形]ツール❶をダブルクリックして描画後、サイズ調整する方が多いと思います。

もちろん、これは間違いではありませんし、筆者もこの方法で作っています。しかし、特にコンポジションパネル上でドラッグして描かれた図形は、仮に[⌘]+[fn]+[←]([Ctrl]+[Home])でコンポジションの中央に配置しても、アンカーポイントが小数点以下まである半端な数値になってしまいます❹。また、ここは描くたびに変化します。これは、マウスでドラッグし始めた座標情報から数値を取得しているためです。

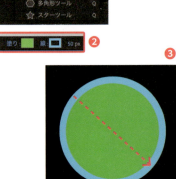

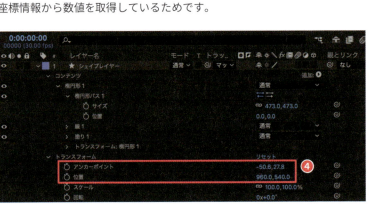

単純に図形の配置だけで見た目に問題がなければよいのですが、たとえばアンカーポイントを別のヌルにピックウィップしてコントロールするときなど「数値が0,0だったらコントロールしやすいのに」と思うこともあります。

2 数値的に美しいシェイプレイヤーを描く

アンカーポイントが「0, 0」、位置が「960, 540」の数的に美しいシェイプレイヤーを描くには、以下の方法で行います。
まずは［レイヤー］メニュー＞［新規］＞［シェイプレイヤー］❶を実行します。
シェイプレイヤーを展開して［追加］＞［楕円形］❷、続いて［追加］＞［塗り］❸を実行します。

これで、サイズが100pxの塗り潰された、線が透明な円が描かれます。この円の［トランスフォーム］を見てみると、すべての数値がわかりやすい状態で格納されています❹。

このように、新たにシェイプレイヤーを作成して、「パス」→「塗り」と追加していくことで数値的に美しいシェイプレイヤーを描くことができます。
逆に言えば、この描き方が先にあって、それが面倒なのでマウスドラッグで描けるように進化した、と考えることができるかもしれません。

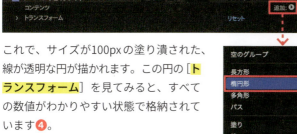

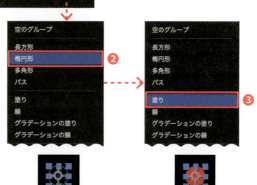

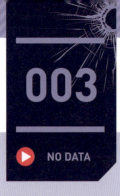

003 エフェクトをスクラブで確認する

NO DATA

After Effectsには多くのエフェクトやプロパティがあり、全部覚えるのは困難です。そんなときに役立つのが「スクラブ」です。エフェクトの内容をその場でざっと確認することができます。

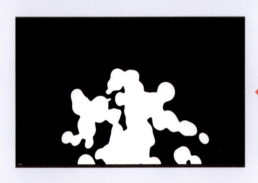 

1 スクラブとは

練習用データ003のコンポジション「スクラブ」を開いてみましょう。❶をクリックし、その中にある［**エフェクト**］の［**>**］をクリックして開きます。

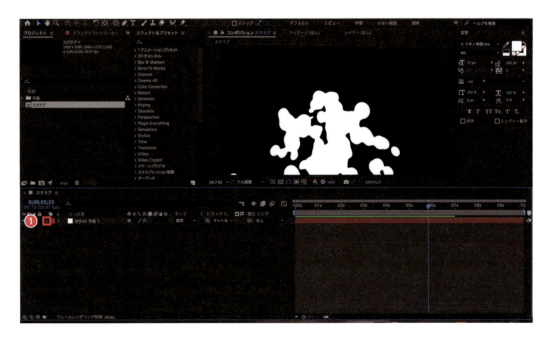

「CC Mr. Mercury」というエフェクトがかかったレイヤーが1つ配置されています❷。

「CC Mr. Mercury」は水銀調の表現を作る効果のエフェクトで、粘度や重力、量、発生場所などさまざまなプロパティがあり、トータルで27項目もの変更可能なパラメータが存在しています。

> After Effectsでは青色で表示されている数値は操作／変更可能です。

このようなパーティクル（粒子）関係のエフェクトはプロパティが100を超えるものもあります。プロがこれらをすべて覚えているかと言えば、そんなことはありません。
どのプロパティがどのような意味があるかは大まかにわかっていますが、実際は青色のパラメータの上でマウスを左右にドラッグする「スクラブ」で変化を画面上で確認しながら設定していきます。
たとえば「CC Mr. Mercury」の「Radius X」をスクラブしてみると、[Radius X：5]❸だと❹のように、[Radius X：90]❺だと❻のように変化します。

聞き慣れないエフェクトや調整に迷ったときは、まず「スクラブ」を使って見た目の変化を確認してみましょう。

004 値グラフと速度グラフ

値グラフと速度グラフ、どちらもイージングをコントロールする際に活用するものですが、使い分けを考えながら使用できるようになるにはちょっとしたコツが必要です。

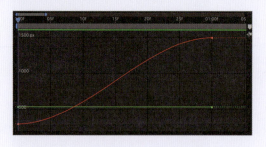
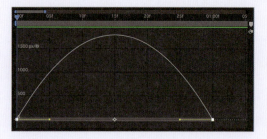

1 コンポジションの状態を確認する

練習用データ004のコンポジション「値グラフと速度グラフ」を開いてください❶。ここには正円のシェイプレイヤーが左から右に❷「イージングがかかって動くアニメーション」が作られています。

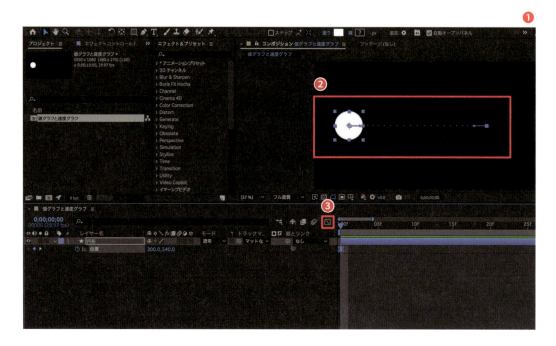

2 値グラフを表示する

［**グラフエディター**］ボタン❸をクリックしたら、［**グラフの種類とオプションを選択**］❹から［**値グラフを編集**］❺を選びます。

［**位置**］プロパティ❻を選択しましょう。赤いグラフ（X軸）と緑（Y軸）のグラフが出てきます❼。

作例では横移動（X軸）だけなので、Y軸の緑のグラフは水平になっています。値グラフは時間インジケータに合わせてピクセル数値を確認できますが、「2つ以上のパラメータをもつプロパティではグラフ操作ができない」という問題があります。

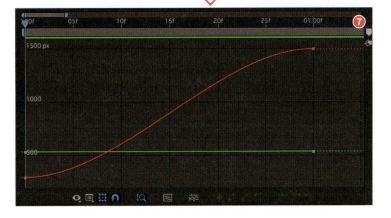

［**位置**］プロパティにはXとY、2つのパラメータがあり、この状態ではグラフエディタをコントロールしてイージングの形を調整することができません。値グラフを使用する場合は、プロパティ［**位置**］上で右クリックをして［**次元に分割**］❽をする必要があります❾。

3 速度グラフを表示する

次に［**グラフの種類とオプションを選択**］❶から［**速度グラフを編集**］❷を選んでみましょう。カーブの形が山なりに変わりました❸。

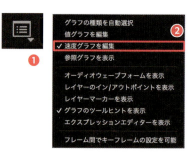

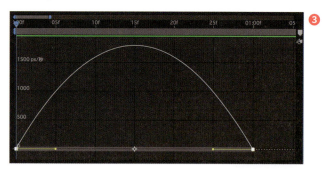

パスハンドルを操作することで「山の高いところで速度が速く」「山の低いところで緩やかに」とコントロールできます。これなら、X軸Y軸の次元分割を行わなくともOKです。値グラフと速度グラフを比べれば、速度グラフのほうが使いやすい……と言いたくなりますが、速度グラフの難点をひとつご紹介します。

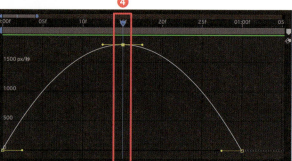

たとえば、この状態から15フレーム目にキーフレームを打ってみましょう❹。そして、中央のキーフレームを上下に移動させてみると、グラフが2つの山に分断されます❺。速度コントロールが分割されてしまうため、トータルのコントロールが難しくなります。
これを解決するには、中央のキーフレームを選択し、［**選択したキーフレームを自動ベジェに変換**］ボタン❻を押します。キーフレームを両方同時にコントロールできるようになります❼。

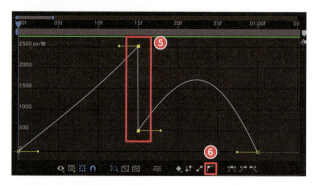

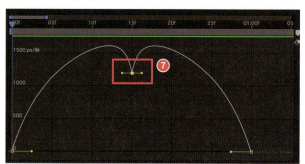

024

Chapter

02

基本編
トランジションのテクニック

005 トラックマットを活用したトランジション

▶ TEC005.mp4

トラックマットは表現の幅を広げるのに有用な機能です。表現としてはマスクと同じですが、パスコントロール以外の位置コントロール、スケールコントロールが容易に作れるため、さまざまな表現に活用されています。

1 コンポジションの状態を確認する

練習用データ005の「作業前_トラックマットを活用したトランジション」を開いてください。6秒目までビジネスマンのイラスト❶、4秒目から忍者のイラスト❷が表示されるようになっており、一番上にテキストレイヤー❸が重なっています。

  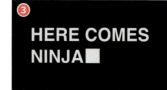

2 テキストレイヤーを忍者のイラストのトラックマット（マスク）に指定する

[**タイムライン**] パネルで「TheNinja.ai」❹を選択したら、トラックマットのピックウィップ（渦巻のアイコン）から「HERE COMES NINJA■」❺をクリックします。

> ピックウィップは「トラックマット」の右側の「親とリンク」にも表示されていますが、機能はまったく異なるので間違えないようにしましょう。

026

| 3 | テキストレイヤーの
キーフレームを設定する |

[**テキスト** ］レイヤーの［ **トランスフォーム** ］＞［ **スケール** ］で　　　［ **4:00f 0%** ］
キーフレームを右のように設定します❶。　　　　　　　　　　　　　　　　　［ **6:00f 569%** ］

ただし、このままでは忍者の画像全体が
表示されないので❷、［ **トランスフォー
ム** ］＞［ **アンカーポイント** ］を［ **2030,350** ］
に設定します❸。

この設定で、テキストの「■」が拡大され、その部分が別の画
像に切り替わるアニメーションを表現できます❹。

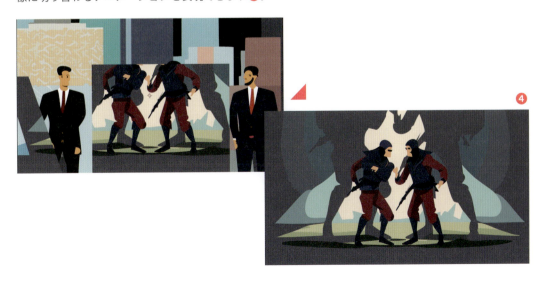

基本編　トランジションのテクニック

027

006 横にスライドして切り替える アニメーション

▶ TEC006.mp4

ここでは、前項のトラックマットとは異なる「親とリンク」のピックウィップを使ったトランジションを見ていきましょう。

1 コンポジションの状態を確認する

練習用データ006のコンポジション「作業前_横にスライドして切り替える」を開きます。ビジネスマンのイラスト❶が6秒まで。ニンジャのイラスト❷が4秒から、2秒間のオーバーラップを挟んで並んでいます。

❷

❶

028

2　イラストを横にスライドして次の絵を登場させる

まず「TheNinJa」のイラストの位置を［**2876,540**］に移動します❶。コンポジションの外、ビジネスマンのイラストの右隣に並ぶ形で配置されます❷。

ヌルオブジェクトを追加する

この2枚のイラストを左にスライドさせる動きを表現します。その際、それぞれのイラストにキーフレームを設定すると、特にイージングをかけた場合など、シームレスな動きは表現できません。
ここでは、「ヌルオブジェクト」を使って2枚のイラストを同時にコントロールする方法を見ていきます。

> ヌルオブジェクトを使わなくても同様の表現は可能ですが、今後複雑な動きを作っていくことを考えると、ヌルオブジェクトに慣れておくことは大変重要です。そこで、ここではヌルオブジェクトを使う方法を取り上げます。

［**レイヤー**］メニュー>［**新規**］>［**ヌルオブジェクト**］❸を選択します。タイムライン上に「ヌル1」❹が追加されます。

親ピックウィップを「ヌル1」に設定する

ビジネスマンとニンジャのイラストの両方のレイヤーを選択して、「親とリンク」にあるピックウィップをそれぞれ「ヌル1」に設定します❺。

トラックマットのピックウィップではないことに注意しましょう。

3　ヌルオブジェクトに動きを追加する

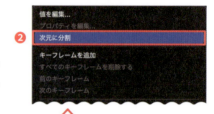

「ヌル1」の［トランスフォーム］＞［位置］❶上で右クリックし、表示されるポップアップメニューから［次元に分割］❷を選択します。

次に、［X位置］に右のとおり設定し、イージーイーズをかけます❸。この場合［次元に分割］をしていないと、イージーイーズがかけられません。

［4:00f　960］
［6:00f -960］

さらに最後に、モーションブラー❹をそれぞれのイラストにかけて完成です。

030

007

シェイプとトラックマットを使ったトランジション

▶ TEC007.mp4

Tips 17の「縁取りから登場してくるテキストアニメーション」を応用した表現です。この表現自体は目新しいものではありませんが、この仕組みを理解しておくと表現の幅が一気に広がります。

1 コンポジションの状態を確認する

練習用データ007のコンポジション「作業前_シェイプとトラックマットを使ったトランジション」を開きます。ビジネスマンのイラスト ❶ が6秒まで。ニンジャのイラスト ❷ が4秒から、2秒間のオーバーラップを挟んで並んでいます。

2 手裏剣の形をした切り替えのシェイプを作る

切り替えのタイミングで何らかのシェイプが登場すると、切り替えイメージがつきやすいものです。なるべくコンセプトに合ったシェイプがよいので、手裏剣を作ってみましょう。

> 図形はフォトショップやイラストレーターで描いてもよいでしょう。

手裏剣を描く1

ツールバーから［**多角形**］ツール❶を選択し、コンポジションパネル内の任意の位置でドラッグして多角形を描きます❷。塗りと線の設定は［**塗り：白**］［**線：なし**］です❸。

また、レイヤー名は「手裏剣」に変更しておきます❹。

次に、［**多角形**］>［**多角形パス1**］を展開して、右のとおり設定します❺。この設定で、星形の図形は❻のようになります。

種類：［**スター**］
頂点の数：［**4**］
回転：［**-20**］
内半径：［**190**］
外半径：［**620**］

手裏剣を描く2

2重の手裏剣を表現したいので、もう1つレイヤーを「手裏剣」レイヤーの上に作成して「手裏剣2」とし、右のとおり設定します❼。この設定で、星形の図形は❽のようになります。

塗り：［**グレー**］
線：［**なし**］
種類：［**スター**］
頂点の数：［**4**］
回転：［**-20**］
内半径：［**180**］
外半径：［**480**］

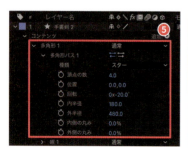

3 トラックマット（マスク）を作る

画面全体を覆う長方形のシェイプレイヤーを右の設定で作成します。[長方形]ツール❶をダブルクリックすると、コンポジションサイズの長方形シェイプレイヤーが生成されます❷。

[塗り：白]
[線：なし]

また、レイヤー名は「マスク」に変更しておきます❸。

長方形の右端を手裏剣の右端に合わせて場所を移動します❹。

次に、「マスク」レイヤー＞[コンテンツ]＞[長方形パス1]上で右クリックし、[ベジェパスに変換]❺を選択します。

これで、長方形を自由に編集できるようになります。長方形の右上のアンカーポイントを左に移動し、手裏剣の形に合うような台形に変形します。同時に、台形の横幅を広げておきます❻。

「マスク」レイヤーを「手裏剣」レイヤーの下に移動したら❼、[トラックマットピックウィップ]を[マスク]❽に設定します。

4 ヌルオブジェクトに動きを追加する

[**レイヤー**] メニュー > [**新規**] > [**ヌルオブジェクト**] ❶ を選択します。タイムライン上に「ヌル1」❷ が追加されます。

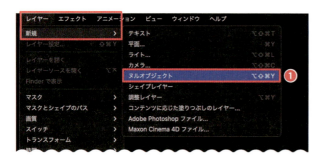

「手裏剣」、「手裏剣2」、「マスク」レイヤーの合計3つを選択し、[**親とリンク**] のピックウィップを [**ヌル1**] に設定します❸。

「ヌル1」>[**トランスフォーム**]>[**位置**]にキーフレームを右の設定で入力し、イージーイーズをかけます❹。

[4:00f -600,540]
[6:00f 2600,540]

「ヌル1」、「手裏剣」「手裏剣2」、「マスク」レイヤーについて、それぞれ4:00f以前の部分をカット（option + [）します❺。これで完成です。

008 平面とエフェクトとトラックマットを組み合わせたトランジション

▶ TEC008.mp4

ここではトラックマットとして活用する平面にエフェクトをかけることで、画面が斜線で切り替わるトランジションを作ります。

 ▶  ▶

1 コンポジションの状態を確認する

練習用データ008のコンポジション「作業前_平面とエフェクトとトラックマットを組み合わせたトランジション」を開きます。ビジネスマンのイラスト❶が6秒まで。ニンジャのイラスト❷が4秒から、2秒間のオーバーラップを挟んで並んでいます。それに加え、4秒から「ホワイト平面1」レイヤーが上に重なっています❸。

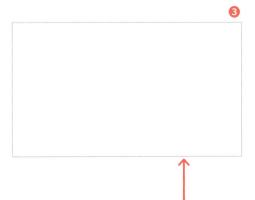

❶

❷

基本編 トランジションのテクニック

035

2 トランジション用のコンポジションを作る

この4秒から6秒までの平面レイヤーを、ルミナンスキーマットとして、トランジションに活用できるように調整します。まずは「ホワイト平面1」をプリコンポーズします。
「ホワイト平面1」レイヤーの上で右クリック＞［**プリコンポーズ**］❶をクリックします。

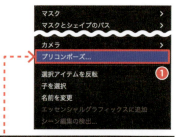

［**新規コンポジション名**］を「トランジション」として「すべての属性を「作業前_平面とエフェクトとトラックマット〜」にチェックがついていることを確認してOKを押します❷。

次に、このコンポジションをダブルクリックしてタイムライン上に表示します❸。

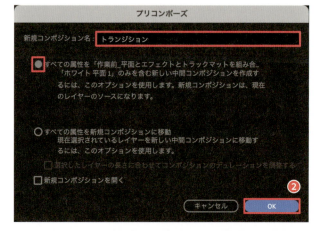

3 トランジション用のエフェクトをかける

「トランジション」の「ホワイト平面1」レイヤー❶を選択して［**エフェクト**］メニュー＞［**トランジション**］＞［**ブラインド**］❷を適用します。

ここでは2秒間でエフェクトを完了させたいので、[エフェクト] > [ブラインド] > [変換終了] に右のとおりキーフレームを設定します❸。また、キーフレームなしで [方向：0x45°] [幅：250] に設定します❹。

[0:00f 100%]
[2:00f 0%]

「作業前_平面とエフェクトとトラックマットを組み合わせたトランジション」に戻ります。「TheNinja」のトラックマットピックウィップから [トラジション] を選択し、ルミナンスキーマットのアイコン◙を押します❺。これで、トランジションコンポジションの白黒情報がそのまま、マットとしての透明度情報に切り替わります。

ルミナンスキーマットとは、トラックマットピックウィップで選択された画像の黒い部分が不透明度0%、白い部分が不透明度100%として表現できるものです。複雑なトランジションも、白黒の図形表現でコントロールできます。

サンプル内の「トランジション用のプリコンポーズ」には、ここで見た「斜めのブラインド」のほか「円形で画面切り替え」❻、「モヤモヤで画面切り替え」❼のデータが入っています。それぞれ表示／非表示を切り替えて動きを参考にしてください。

037

009 デザインを組み合わせたトランジション

▶ TEC009.mp4

トラックマットを使ったトランジションは、手数を増やしていくとさまざまな面白い表現ができるようになります。ここでは画面が回転しながら切り替わっていくエフェクトを作ってみましょう。

1 コンポジションの状態を確認する

練習用データ009のコンポジション「作業前_デザインを組み合わせたトランジション」を開きます❶。

2 トランジション用のコンポジションを作成する

［コンポジション］メニュー>［新規コンポジション］をクリックして、❷のように設定してOKをクリックします。

コンポジション名：［トランジション用のプリコンポーズ（作業用）］
幅：［1920］
高さ：［1080］
フレームレート：［30fps］
デュレーション：［6:00f］
背景色：［ブラック］

038

中央に正円を描く

作成したコンポジションに［楕円形］ツールで［塗り：白］［線：なし］の正円を描きます❶。

サイズは直径200pxとしたいので、「シェイプレイヤー1」を展開し、［コンテンツ］＞［楕円形1］＞［楕円形パス1］＞［サイズ］の数値を［200, 200］にします❷。

次に、この円をコンポジションの中心に配置するため、［レイヤー］メニュー＞［トランスフォーム］＞［アンカーポイントをレイヤーの中央に配置］・［中央に配置］❸を実行します。

この操作で、正円は❹のように配置されます。

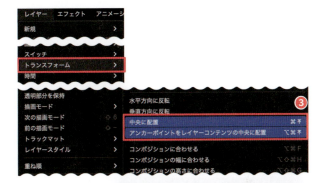

円が登場するエフェクトをかける

白い正円が描かれたレイヤー❺に、エフェクトをかけます。［エフェクト］メニュー＞［トランジション］＞［放射状ワイプ］❻を適用します。

「シェイプレイヤー1」を展開し、[エフェクト] > [放射状ワイプ] > [変換終了]で右のように設定してイージーイーズをかけます。また、[ワイプ]は[反時計回り]にします❶。

[0:00f 100%]
[1:15f 0%]

円グラフのように時計回りに円が登場するようになりました❷。このシェイプレイヤーをコピー＆ペーストして6つに増やし❸、それぞれの円のサイズを以下のように設定します。

シェイプレイヤー2: [400]
シェイプレイヤー3: [600]
シェイプレイヤー4: [800]
シェイプレイヤー5: [1000]
シェイプレイヤー6: [2250]

6つのシェイプレイヤーの開始時間のフレームを、順に3f、6f、10f、14f、19fにずらして階段状に並べます❹。

これで再生キーを押してみましょう。なかなか複雑な表現ができたのではないでしょうか❺。

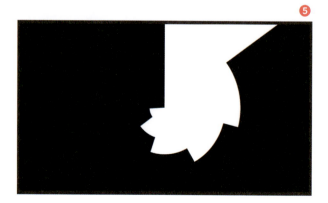

| 3 | ずらして配置、エフェクトを加えることで
デザイン要素を付加する |

「トランジション用のプリコンポーズ（作業用）」を「TheNinja」レイヤーの上に配置し、レイヤーデュレーションバーの開始位置を［**4:00f**］にします❶。次に、「TheNinja」レイヤーのトラックマットピックウィップで「トランジション用のプリコンポーズ（作業用）」を選択し、ルミナンスキーマットのアイコンを押して［**ルミナンスキー**］❷に切り替えます。

これだけで同心円が大きくなって画面が切り替わるトランジションは完成しますが❸、さらに演出を加えていきます。

「BusinessMen」レイヤーの上に「トランジション用のプリコンポーズ（作業用）」を配置し、開始位置を［**3:15f**］に設定しましょう❹。

Ninjaが登場する前に、白い枠のトランジションが表示されます❺。

さらに演出を加えます。「トランジション用のプリコンポーズ（作業用）」レイヤーを複製したら、そのレイヤーの開始位置を［**3:17f**］に設定します❻。

複製したレイヤーを選択して［**エフェクト**］メニュー>［**描画**］>［**グラデーション**］、続いて［**エフェクト**］メニュー>［**カラ**

ー補正］＞［コロラマ］を追加します❼。
次に、コロラマの［出力サイクル］から［プリセットパレットを使用］＞［粘土］を選択します❽。グラデーションに色調が追加されます❾。

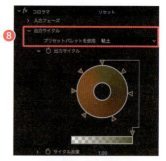

4 さらに演出を加える

「トランジション用のプリコンポーズ（作業用）」を2回コピー＆ペーストして、コロラマを適用したレイヤーの上に配置し開始位置を［3:20f］にします❶。

上から4番目の「トランジション用のプリコンポーズ（作業用）」レイヤーに［エフェクト］メニュー＞［シミュレーション］＞［CC Ball Action］と［エフェクト］メニュー＞［描画］＞［塗り］を実行します❷。

CC Ball Actionは［Grid Spacing：10］［Ball Size 25］、塗りは［カラー：#E5C69D］に設定します❸。

最後に、ドットがはみ出さないように、トラックマットレイヤーに上から3番目のレイヤーを選択して、ルミナンスキーマットのアイコンを押して［ルミナンスキーマット］に変更して完成です❹。

010 トラックマットだけで デザインを作るトランジション

▶ TEC010.mp4

トラックマットは初学者が「なるべく使わないようにする」ツールだと思っています。しかし、実際の現場ではこれほど多用するツールはありません。ここではしっかりとトラックマットの実用例を見ていきましょう。

1 コンポジションの状態を確認する

練習用データ010のコンポジション「作業前_デザインを組み合わせたトランジション」を開きます。ビジネスマンのイラスト❶が6秒まで。ニンジャのイラスト❷が4秒から2秒間のオーバーラップを挟んで並んでいます。

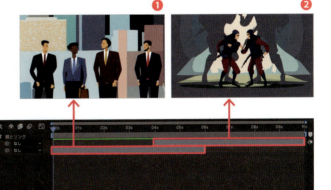

2 複数のシェイプで左右に動く長方形を作る

ここでは、複数のシェイプレイヤーをランダムに配置する手法をとります。そのため、完成データを元に解説していきます。練習用データのコンポジション「デザインを組み合わせたトランジション」を開いてください❸。

043

インジケーターを4:00fに合わせると、上
下の幅がコンポジションより大きく、さ
まざまな横幅を持つ5つのシェイプレイ
ヤーがコンポジションの左右に配置され
ています。また、「ラスト」という名前の
シェイプレイヤーはコンポジションと同
じ大きさで準備されています❶。

「シェイプレイヤー1~5」には、4:00fから
6:00fまでの間に「左／右のコンポジショ
ン外側から右／左の外側まで移動する」
ようにキーフレームを打ちます。また「ラ
スト」という名前のシェイプレイヤーは
4:00fから移動し始めて6:00fには画面全
体を覆うように移動させます。

3 それぞれのシェイプレイヤーを
トラックマットとして活用する

「シェイプレイヤー1~5」と「ラスト」の
合計6つのシェイプレイヤーをトラック
マットに選択できるように「TheNinja」
のレイヤーを複製しています❷。

「TheNinja」のイラストをそのまま複製
してトラックマットを設定するだけだと
あまり面白味がないので、ここでは以下
のような演出を加えてみました。

- 「TheNinja」のスケールの値を「100%
  ～200%」の間でランダムに変更する。
- [エフェクト]メニュー>[カラー補正]
  >[白黒]で画像を白黒へ❸。
- [エフェクト]メニュー>[カラー補正]
  >[トーンカーブ] でトーンカーブの
  ラインを右肩下がりに設定してネガを
  表現する❹。

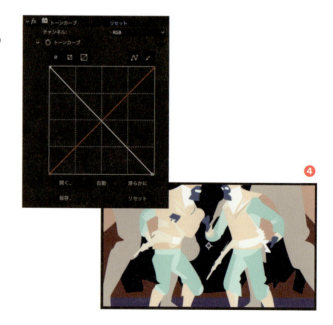

Chapter

03

基本編
テキスト・テロップのテクニック

011 文字がジグザグに登場するアニメーション

▶ TEC011.mp4

プラグインやプリセットを使わず、1つのエフェクトで文字を少しずつ登場させるアニメーションです。応用次第で一筆書きのような表現も可能です。

1 文字を書く

新規コンポジションを作成します。ツールバーで［**横書き文字ツール**］を選択します。［**コンポジション**］パネルをクリックして、「AfterEffects」の文字を入力します❶。

2 文字にマスクパスを描く

ツールバーから［**ペンツール**］❶を選択します。右図のように、文字の上下をクリックしてジグザグのマスクを描きます❷。

マスクを描く際、［**タイムライン**］パネル上ではテキストレイヤーを選択しておきましょう❸。テキストレイヤーが選択されていない場合、マスクではなく別のシェイプレイヤーが生成されてしまう場合があります。

| 3 | エフェクト[線]を追加する |

マスクを選択した状態で［**エフェクト**］メニュー>［**描画**］>［**線**］❶をクリックします。

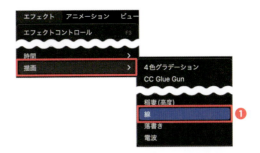

［**エフェクトコントロール**］パネルに［**線**］エフェクトのプロパティが表示されます。［**ブラシのサイズ**］の数字を大きくすると、文字の上に描かれたマスクが太いラインになります。ここでは文字全体を覆い隠す太さにしたいのでブラシのサイズを［**45**］❷にしました。

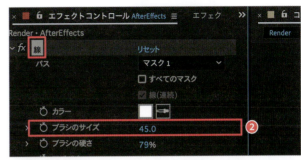

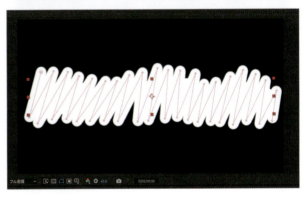

| 4 | エフェクト[線]をマスク化する |

［**エフェクトコントロール**］パネルの［**ペイントスタイル**］から、［**元のイメージを表示**］を選択します❶。
マスクで描かれた線が非表示となり、文字が表示されます。この状態で、プロパティ［**終了**］の数値をスクラブしてみましょう❷。

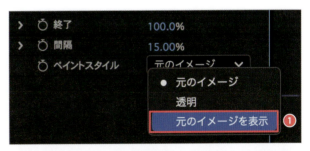

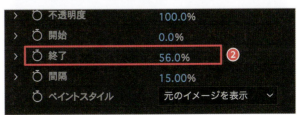

「スクラブ」については20ページを参照してください。

文字がマスクに沿って表示されていきます。[**終了**]の数値は0%で文字が非表示、100%で文字全体が表示されます❸。

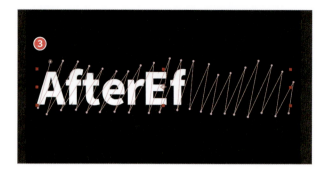

5 キーフレームを打つ

プロパティ[**終了**]にキーフレームを打っていきます。ここでは2秒で文字全体が表示されるように調整します。
[**タイムライン**]パネル内のインジケーターをタイムライン左端（開始点）❶に合わせ、[**エフェクトコントロール**]パネルの[**終了**]の左側にあるストップウォッチマーク❷をクリックし、[**終了**]の数値を[**0%**]にします❸。次にインジケーターを2:00f（2秒）の位置に移動し❹、[**終了**]の数値を[**100%**]に変更します❺。

これで完了です。再生して確認してみましょう。

048

012 文字がグリッチで変化する アニメーション

▶ TEC012.mp4

文字が乱れて別の文字に変化するアニメーションです。
さまざまなパターンに応用できる「グリッチ」の作り方を学びましょう。

1 文字を書く

新規コンポジションを作成します。ツールパネルの［**横書き文字ツール**］を選択し、「AfterEffects」の文字を入力します。
1秒目でレイヤーを分割し（⌘+Shift+D）、1秒目以降は
「Bullet」の文字に書き換えておきます❶。

2 平面レイヤーを作りエフェクト ［フラクタルノイズ］をかける

文字レイヤーの上に平面レイヤーを作り（色は何色でもかまいません）、エフェクト［**フラクタルノイズ**］を追加します❶。

設定項目が多いですが、ここでは次のように設定します❷❸。

ノイズの種類：[**ブロック**]
コントラスト：[**230～240**]
明るさ：[**15～20**]
トランスフォーム：スケールの幅：[**3000**]
縦横比を固定：チェックをオフ

[**展開**]にキーフレームを打ち、次のように入力します❹❺。
0:00f 0回転 [**0x0°**]
10:00f 100回転 [**100x0°**]

下のような表示になっていればOKです。

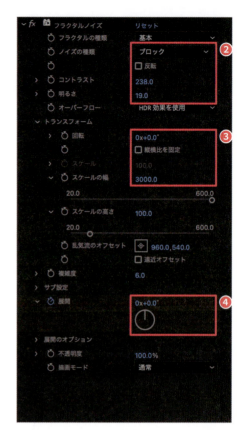

3 調整レイヤーを作り[ディスプレイスメントマップ]を追加する

平面レイヤーの上に調整レイヤーを作り❶、[**エフェクト**]メニュー>[**ディストーション**]>[**ディスプレイスメントマップ**]を追加します。

[**ディスプレイスメントマップ**]のプロパティ[**マップレイヤー**]から先ほど作成した[**平面レイヤー**]を選び、その右の[**レイヤーソース**]を[**エフェクトとマスク**]に切り替えます❷。
また、この時に[**最大水平置き換え**]の

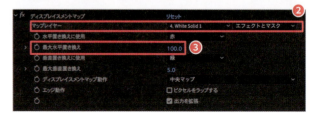

値を［100］に設定します❸。
この状態で、目のアイコンをクリックして平面レイヤーの表示をオフにしましょう❹。
乱れた文字が見えたら完成です。このノイズが乗ったような乱れた表現を「グリッチ」と呼びます。

4 グリッチを時間的に一部分だけかけるようにする

このままでは10秒間、常に文字が乱れ続けるので、ある一部分だけ文字が乱れるようにします。まずは調整レイヤーを「⌘＋shift＋D」で❶のように7つに分割します。

次に、1つおきに調整レイヤーを削除して❷のようにすると、ある一部分のみ文字が乱れる表示となります。

この乱れている部分を、文字の切り替えタイミング（ここでは1秒目）に乗るように合わせます。これで文字がグリッチに沿って切り替わる表現の完成です❸。

013 文字を分解して1文字ずつ表現する手法

▶ TEC013.mp4

書き順どおりに文字が現れる表現は、フォントに「書き順」のプロパティがないため一筋縄ではいきません。ここでは、プラグインなしに作る方法のほか、使いやすいプラグインの紹介をします。

1 テキストの状態を確認する

練習用データ013のコンポジション「作業前_テキスト状態」を開きます❶。

ここでは、表示をわかりやすくするために、以下の設定を行っています❷❸。

レイヤースタイル：[**ベベルとエンボス**]
エフェクト：[**グラデーション**]
エフェクト：[**コロラマ**]

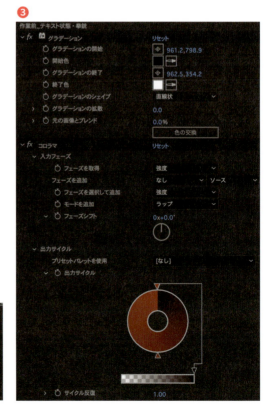

2 プラグインを使わずに作る方法

練習用データのコンポジション「プラグインを使わずにシェイプ化」を参照してください。
テキストレイヤー［拳銃］の上で右クリック［作成］＞［テキストからシェイプを作成］を選択します❶。

テキストがパス化され、ペンツールで編集できるようになります❷。

シェイプレイヤー「拳銃アウトライン」を展開し、さらに「コンテンツ」を展開してみましょう❸。「拳」と「銃」の字がそれぞれ細かいパスに分かれていることがわかります❹。

これらのポイントを移動することで、書き順どおりに文字が現れる表現ができますが、とても根気がいる作業です。

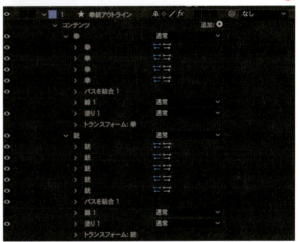

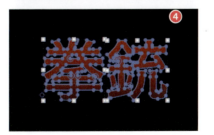

3 プラグイン「GG文解」を使う

プラグインの「GG文解」❶について簡単に紹介します。練習用データのコンポジション「GG文解を使ってシェイプ化」を参照してください。

> 「GG文解」は、無料で公開されているプラグインです。
> URL：https://gumma.graphics/script/gg-文解-gg-bunkai-2/

このプラグインを使うと、パスが離れているパーツをそれぞれ別レイヤーとして扱えるようになります❷❸。

ただし、ここで扱う「拳銃」の文字のようにパスがすべてつながっていたり、偏(へん)と旁(つくり)が分離されていなかったりすると、うまく扱えません。「GG文解」は、それぞれのパーツが分かれている文字で使うとよいでしょう。

4 プラグイン「CuttanaNir2」を使う

練習用データのコンポジション「CuttanaNir2を使ってシェイプ化」を参照してください。

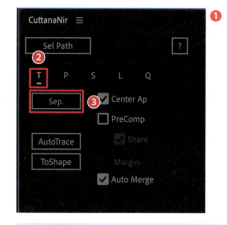

テキストを分割する

プラグインをインストールすると、[**ウィンドウ**] メニュー > [**CuttanaNir**] でパネルが表示されます❶。
テキストを分割するには、テキストレイヤー「拳銃」を選択し、[**T**] タブ❷にある [**Sep**] ボタン❸をクリックします。文字がそれぞれレイヤーに分かれてシェイプ化されます。

「CuttanaNir2」は株式会社フラッシュバックジャパンが販売する有償のプラグインです。文字の交差している部分を分離し、それぞれ一本の独立した線に分離できる便利なツールです。
URL：https://flashbackj.com/product/cuttananir

パスを分離する

「拳」レイヤーのコンテンツ > 拳 > パスまで展開し、分離したいパスのポイントを4点クリックします❹。
[**CuttanaNir**] パネルの [**P**] タブ❺にある [**Cut**] ❻をクリックすると、それぞれのシェイプに分離されます❼。

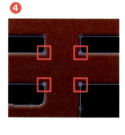
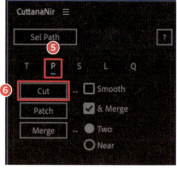

同様に、2つの漢字のすべての「分離させたい部分」を選択して分離していきます。

パーツをレイヤーに分ける

すべての文字のつながった部分を分離させたら、「拳」と「銃」レイヤーを選択し、[CuttanaNir]パネルの[S]タブ❶から[Sep]ボタンを❷クリックします。
各パーツがそれぞれレイヤーに分かれます❸。

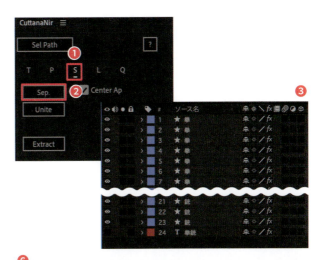

文字に動きをつける

すべての文字シェイプレイヤーを選択し、[CuttanaNir]パネルの[L]タブ❹にある[Auto]ボタン❺をクリックします。すべての文字に25フレームの表示動作が組み込まれます❻。長さの調整はキーフレームの位置でコントロールできます。

書き順が逆の場合は、[L]タブの[Rev]ボタンのL/R❼を切り替えて再度[Auto]キーを押します。

すべての文字シェイプレイヤーを選択して[Q]タブ❽の[Seq]ボタン❾を押すと、レイヤーが階段上に並び、1パーツごとに表示され始めます。[Seq]ボタンの右にある[Name]❿が各文字の登場するフレーム間隔、[Stroke]⓫が各パーツの登場するフレーム間隔です。

014 文字が粉々に砕け散っていくアニメーション

▶ TEC014.mp4

文字がパーティクル（粒子）となって砕け散っていくアニメーションです。パーティクルの質感にこだわる場合は有料のプラグインが必要になりますが、ここでは既存のエフェクトのみで作る方法を紹介します。

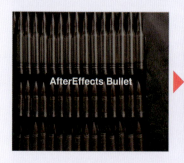
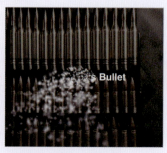

1 コンポジションの状態を確認する

練習用データ014のコンポジション「作業前_パーティクルテキストアニメーション」を開きます。背景に敷かれた画像の上にテキストレイヤーが1つ配置されています❶。

2 文字が左から消えていく表現を作る

テキストレイヤーに [エフェクト] メニュー > [トランジション] > [リニアワイプ] を適用し、[変換終了] のプロパティを0:00f [0%]、4:00f [100%] と設定します❶❷。

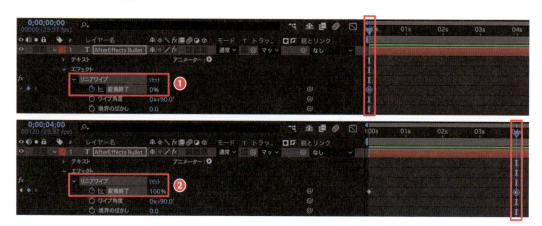

キーフレーム上で右クリック>［**キーフレーム補助**］から［**イージーイーズ**］❸をかけます。なお、使用するPCによってフォント環境はさまざまなので、作例ではテキストをシェイプ化しています。

これで文字が4秒かけて左から消えていく表現になりました。

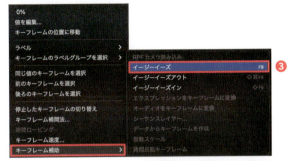

3 パーティクルのレイヤーを作る

［**レイヤー**］メニュー>［**新規**］>［**平面**］を選択し、テキストレイヤーの上に平面レイヤーを作成します❶。サイズはコンポジションと同じで、色は何でもかまいません。

このレイヤーに［**エフェクト**］メニュー>［**シミュレーション**］>［**CC Particle Systems II**］を適用します❷。

レイヤーにエフェクトが追加されましたが、このままでは単に中心から火の粉が噴き出すような表現です❸。

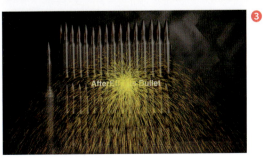

4 パーティクルの設定を行う

「CC Particle Systems II」には数多くのプロパティがありますが、ここでは下記のように設定します❶。

BirthRate（粒子が生まれる量）
[1:10f 0]
[1:15f 5]
[2:15f 5]
[2:20f 0]

Producer>Position
[1:15f 768 540]
[2:15f 1226 540]
※文字が消えていく部分に粒子を重ねる。

キーフレームは上記6点です。

その他の設定は、下記のとおりです❷。

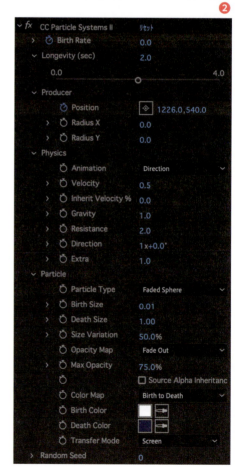

Longevity [2.0]　※何秒間粒子が存在し続けるか
Phisics>Animation [Direction]　※粒子の動き方
Velocity [0.5]　※粒子の拡散度

Particle>Particle Type [Faded Sphere]　※粒子の形
Birth Size [0.01]　※粒子が出始めたときの大きさ
Death Size [1.00]　※粒子が消えゆくときの大きさ
Birth Color [白色]　※粒子が出始めたときの色
Death Color [青色]　※粒子が消えゆくときの色

その他にもさまざまな設定要素はありますが、ここで変更した点は以上です。このあたりのプロパティの値やオプションは、有料プラグインでもほぼ同様です。ここで設定したプロパティに慣れておくと、今後パーティクルを使用していくうえで非常に参考になります。

015 のれんのように出てくるテキスト

▶ TEC015.mp4

文字がパタパタと上から倒れて表示されるアニメーションです。ここでは「文字単位の3D化」の方法を見ていきましょう。

1 コンポジションの状態を確認する

練習用データ015のコンポジション「作業前_のれんのように出てくるテキスト」を開きます❶。背景画像の上にテキストレイヤーが1つ重なっています。

2 文字単位で3D化する

テキストレイヤーを展開し、[**テキスト**]の右側にある[**アニメーター**]>[**文字単位の3D化を使用**]❶をクリックします。[**3Dスイッチ**]ボタンが、1つのボックスから2つのボックス表示❷に変わります。

続いて［アニメーター］>［回転］❸をクリックします。テキストレイヤーに［アニメーター1］が追加されます❹。

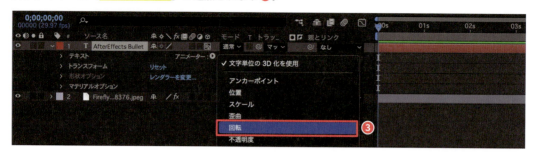

［アニメーター1］を展開し、［X回転］を［81.0°］に設定します❺。このとき、X回転にキーフレームは打ちません。

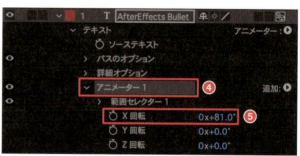

次に、［アニメーター1］の［範囲セレクター1］を展開し、［開始］のところでキーフレームを次のように設定します。
　［0:00f 0%］❻　　［3:00f 100%］❼

X回転にキーフレームを打っていませんが、1文字ずつ文字が現れるアニメーションが完成します。

> 「文字が81°傾く」というエフェクトがかかる範囲を開始点と終了点の範囲で指定することにより傾きが発生します。この［範囲セレクター］は、別のテクニックでも使用しますので、使いながら慣れていきましょう。

016 マットスライドテキストアニメーション

▶ TEC016.mp4

トラックマットの使用は、テキストアニメーションの基礎的な操作です。ぜひともマスターしておきましょう。

3 基本編 テキスト・テロップのテクニック

1 コンポジションの状態を確認する

練習用データ016のコンポジション「作業前_マットスライドテキストアニメーション」を開きます❶。背景画像の上にテキストレイヤーが1つ重なっています。

2 テキストにマット（表示部分を決める形）を作る

文字を覆い隠すシェイプレイヤーを作成します。必ず「他のレイヤーが選択されていない状態」を確認し❷、ツールバーから［長方形ツール］❸を選択して文字全体を囲むようにドラッグします❹。
このとき、長方形は［塗り：白］［線：なし］にしておきましょう。

061

テキストレイヤーにある［トラックマット］から［シェイプレイヤー1］を選択します❺。この操作で、文字が表示されるのは長方形の範囲だけになります。

［トラックマット］から［シェイプレイヤー1］を選ぶ操作は、渦巻状のマーク◎（ピックウィップ）を［シェイプレイヤー1］のレイヤーにドラッグしても行うことができます❻。

3 文字の動きを作る

文字が徐々にせり上がってくる動きを作ってみましょう。ここでは、テキストレイヤーの［位置］プロパティに右のキーフレームを設定し、イージーイーズをかけました。

［1:00f 960,710］❶
［2:00f 960,540］❷

文字が下から徐々に長方形の中に移動することにより、せり上がる動きが表現できます❸。

同様の表現は、テキストレイヤー上でテキストをマスクする方法でもできそうな気がしますが、テキストとマスクが一緒に動いてしまうため思うような挙動になりません。そのため、マスクの位置を固定してテキストレイヤーを動かすトラックマットを用いています。

017 縁取りから全体が表示される
テキストアニメーション

▶ TEC017.mp4

アニメーター、トラックマットと並んで、ここで見ていくパスのトリミングは3大基礎操作といえます。ぜひともマスターしましょう。

3 基本編　テキスト・テロップのテクニック

1 コンポジションの状態を確認する

練習用データ017のコンポジション「作業前_縁取りから登場してくるテキストアニメーション」を開きます❶。背景画像の上にテキストレイヤーが1つ重なっています。テキストの塗りや線の設定は❷のとおりです。

2 縁取りをラインアニメーションにする

縁の部分が少しずつ登場するアニメーションを作ります。
テキストレイヤー上で右クリック＞［作成］＞［テキストからシェイプを作成］❸をクリックします。

［塗り：なし］
［ストローク：1px］

063

元のテキストレイヤーが非表示になり、テキストがアウトライン化されたシェイプレイヤーが生成されます❶。

シェイプレイヤーを展開してみましょう。「AfterEffects Bullet」の文字が1文字ずつ、線、塗り、形のプロパティなど細かい指定ができる状態で配置されています❷。

それぞれにキーフレームを入力するなど、細かい設定を行えますが、ここではまとめてラインアニメーション化します。

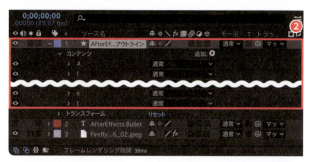

シェイプレイヤーの［**コンテンツ**］を選択し❸、［**追加**］から［**パスのトリミング**］❹を選択します。

文字の下に［**パスのトリミング1**］のプロパティが生成されます❺。

［**パスのトリミング1**］を展開したら、終了点に次のように入力してイージーイーズをかけます❻。
［**1:00f 0%**］
［**2:00f 100%**］

| 3 | 文字に塗りを加える |

文字を白で徐々に塗り潰す表現を作りましょう。[**コンテンツ**]
を選択し、追加から[**塗り**]❶を選択します。

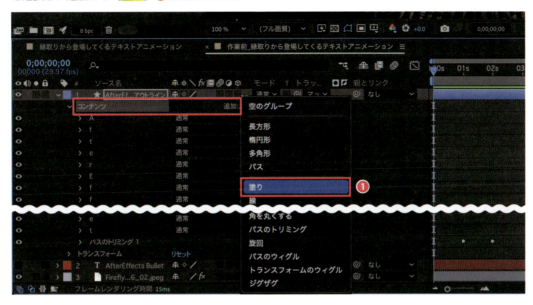

[**パスのトリミング1**]の下に[**塗り1**]❷が追加されるので、展
開して[**不透明度**]を次のように入力します❸。
[**2:00f 0%**]
[**2:15f 100%**]

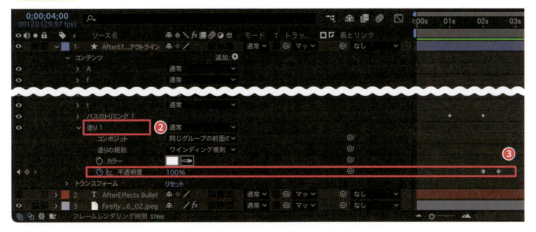

この設定で、文字のアウトライン表示が終わった後に白で塗り
潰しが行われます。

018

縁取りが順序立てて現れる
テキストアニメーション

▶ TEC018.mp4

「縁取りから全体が表示されるテキストアニメーション」を応用した表現で、縁取りから全体の変化が左から順に流れます。この仕組みを理解しておくことで表現の幅は一気に広がるでしょう。

1 コンポジションの状態を確認する

練習用データ018のコンポジション「縁取りが順序立てて現れるテキストアニメーション」を開きます。このコンポジションは前項「縁取りから全体が表示されるテキストアニメーション」の完成形です❶。

066

2 パスのトリミングと塗りを指定する

前項では、文字全体にまとめて[**パスのトリミング**][**塗り**]を指定しましたが、ここでは1文字ずつ設定する方法を見ていきます。

まず、テキストレイヤーの[**コンテンツ**]の中にある[**パスのトリミング1**]と[**塗り1**]を選択して消去します❶。

[**コンテンツ**]の一番上にある文字[**A**]を選択して[**追加**]>[**パスのトリミング**]を選択します❷。

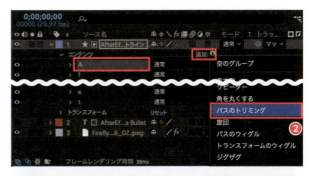

選択した[**A**]だけに[**パスのトリミング1**]のプロパティが追加されます❸。

[**A**]>[**パスのトリミング1**]の終了点を右のように設定します。これでAの文字だけがラインアニメーション化されます❹。

[**1:00f 0%**]
[**2:00f 100%**]

次に［A］を選択して［追加］＞［塗り］を実行し、作成された　　　　［2:00f 0%］
［塗り2］の［不透明度］を右のように設定します❺。　　　　　　　　　［2:10f 100%］

3　それぞれの文字にパスのトリミングを設定していく

［パスのトリミング1］と［塗り2］に設定したキーフレームをコピーして他の文字すべてにペーストします。その際、このキーフレームをそれぞれ1～3フレームずつ（ここでは2フレーム）ずらすことで、表示するタイミングを変えることができます❶。

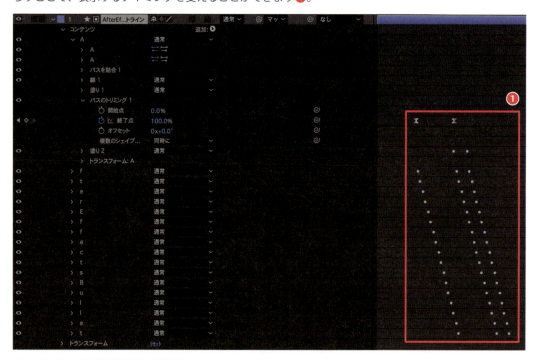

キーフレームを一括で操作することは基本的にはできませんが、さまざまな有料・無料のプラグインを利用すれば可能になります。最もシンプルなのは52ページで紹介した無料プラグイン「GG文解」を使うことでしょう。「GG文解」でテキストをシェイプ化すると、文字がそれぞれすべて別レイヤーとして分解されます。［パスのトリミング］を設定したのち、［アニメーション］メニュー＞［キーフレーム補助］＞［シーケンスレイヤー］を選んで、［オーバーラップ］にチェックを入れ、「1フレームずつずらしたいとき→9:29f」「3フレームずつずらしたいとき→9:27f」のようにデュレーションを設定します（1秒30フレーム、10秒間のコンポジションで、重なる範囲が何秒何フレームかを指定する）。

019 3Dテキストサークル

▶ TEC019.mp4

テキストレイヤーを3Dとして扱うテクニックの定番です。文字単位の3D化を覚えると、扱える幅が一気に広がります。

 ▶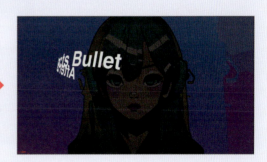

1 コンポジションの状態を確認する

練習用データ019のコンポジション「作業前_3Dテキストサークル」を開きます❶。背景画像の上に女の子のイラスト、そしてテキストレイヤーが1つ重なっています。

> ここではフォントにHelveticaを使用していますが、お使いのPC環境によっては変更される可能性があります。

2 文字をマスクに沿わせる

テキストレイヤーを選択し❷、ツールから[**楕円形ツール**]を選びます❸。

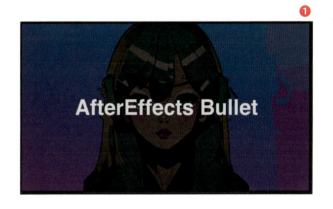

069

コンポジションパネル内でマウスをドラッグすると円形が描かれます。[Shift]キーを押しながらドラッグし、正円を描いてみましょう。位置は後で調整するので、どこでもかまいません。テキストが円の内部だけ表示されるようになりました❹。

テキストレイヤーを展開して[**テキスト**]＞[**パスのオプション**]を展開し、[**パス**]から、[**マスク1**]を選びます❺。

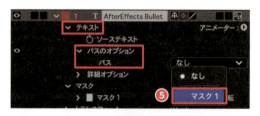

文字がマスクに沿って表示されます❻。続いて[**パスのオプション**]＞[**反転パス**]を[**オン**]❼にして円の外側に文字が沿うようにします❽。

3 テキストを立体化する

［**テキスト**］の右側にある［**アニメーター**］から［**文字単位の3D化を使用**］❶をクリックします。次に［**テキスト**］＞［**アニメーター**］から、［**回転**］❷を追加します。

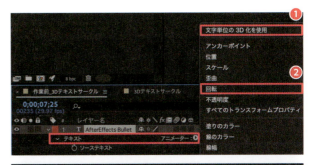

［**アニメーター1**］❸の中にある、［**X回転**］のパラメータを［**0x-90°**］にしましょう❹。
また、テキストレイヤーの［**トランスフォーム**］❺を展開して［**X回転：0x83°，Y回転：0x9°**］に設定します❻。
これで、文字が立体的にサークル状に表示されるようになります❼。

4 文字を回転させる

［**トランスフォーム**］＞［**Z回転**］を右のように設定して2回転させます❶。なお、ここで設定するZ回転はアニメーター内のZ回転ではないので、気をつけましょう。
もし女の子の後頭部に文字が回り込んでいない場合は、［**トランスフォーム**］＞［**位置**］のZ軸の数字を変更してみましょう❷。
3つ並ぶパラメータは、それぞれx, y, z軸に相当します。

［**0:00f 0x00**］
［**10:00f -2x00**］

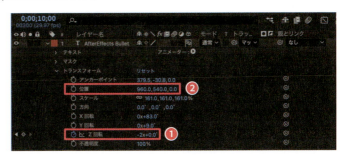

Message from Task

AfterEffectsに必要なのは
「いい加減さ」と「注意散漫力」?

　筆者は20代でパソコンスクールを創業（2年で畳んでしまいましたが…）、その後デジタル系デザインスクールにスタッフとして8年務め、独立してから10年ほど、AfterEffectsや動画の学校で教鞭をとらせていただいてます。

　かれこれ、20年近く「モーションデザインを学びたい」「AfterEffectsを学びたい」という方々と向き合ってきた計算になります。この10年、私が講師としてオフライン（対面）で受講いただいた方の数だけでも、2000人近くになります。

　それぞれに意欲や希望、そして個性を持ってモーションデザイン、AfterEffectsに向き合うのですが…なかなかどうしても、その学習速度にはさまざまなペースがあると感じています。（もちろんそれは私の力不足もありますし、それぞれ速度が違うだけで、皆様確実に成長していました）。

　そこで…私がふと俯瞰して思い出してみると…AfterEffectsの学習速度が速い方の共通項が一つ見えてきました。

　それは…「いい加減さ」と「注意散漫力」でした。

　なんだそれは！と思う方もいらっしゃるでしょう。ネガティブな言葉に聞こえますが、裏を返せば「一つ一つ、積み上げるように、ステップ1を完全に理解してからステップ2に進もう」とする方が苦労している、と感じました。

　もちろん、学習の仕方は人それぞれですし、どの学び方にも優劣はありません。

　ただ…あくまで講師業を経験してきた身として思うのです。

　初手から一つ一つ学ぶより、「いったんえいやっと頂上まで駆け上がって、俯瞰して全体を眺めてから戻って初歩を学び、わからずとも次のステップに進み、なんとなくもう一度頂上に登って眺めてまた基礎に戻る…」といった、いわば「節操なく行ったり来たり」「わかった気になっていったん進んで、わからなくなってもう一度戻って」といった「良い意味のドタバタ感」「適当さ」を持っている方が、結果速く身につけているな、と感じています。

　モーションデザイン、そしてツールとしてのAfterEffectsはあまりにも多数のことを一気に情報処理しなければなりません。処理を同時に行うには、いわゆる「筋トレ」を行うか、「全体俯瞰と詳細確認」をする神経を養うかを行わなければいけません。どちらにしても必要なのが「ゴールの形を一度見ておく」ことだと思います。

　この書籍に書かれているチュートリアルを、頭から一つ一つ行っている方もいらっしゃるでしょう。とても素晴らしいですし、筆者としても嬉しい限りです。ただ…まだまだ先が長いです。もし、ちょっと疲れたな、しんどいな…と思うことがあれば、「えいやっ」と先のページまで流し読みをして、再度戻ってくると、見える景色が変わっているかもしれません。

Chapter

04

基本編
アニメーション表現のテクニック

020 シェイプが液体のようにつながるアニメーション

▶ TEC020.mp4

円や四角、文字などさまざまな図形が液体のようにつながるアニメーション。このような表現を「リキッドモーション」と呼びます。

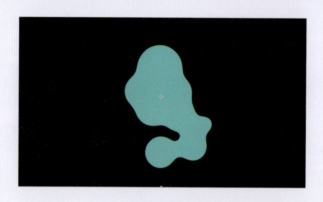

1 円を描く

新規コンポジションを作成します。ツールパネルの[**楕円形ツール**]をクリックし、正円を描きます❶。次に円形パスのサイズを[**300**]に設定します❷。

2 ウィグルをかけて複製する

正円が描かれたシェイプレイヤーのプロパティ[**位置**]にエクスプレッション[**wiggle(1,300)**]を記述します。ストップウォッチマークを[option]キーを押しながらクリックするとタイムライン上でスクリプトが記述できるようになるので、[**wiggle(1,300)**]と入力します❶。

[**wiggle(1,300)**]は「1秒間に1回、300ピクセルランダムに動け」という指示です。

074

エクスプレッションを記述した後に、このシェイプレイヤーを10回コピー＆ペーストします❷。
ウィグルによって、それぞれバラバラの位置にコピーされたことがコンポジションパネルで確認できます❸。

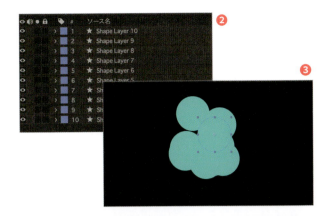

3 円の大きさをランダムにする

複製されたシェイプレイヤーのプロパティ［**スケール**］を表示し、それぞれのサイズを30〜100%の範囲でランダムに入力します❶。
このとき、外側にある円を小さく、中央にある円を大きめに設定しておくと、デザイン的に美しくなります❷。

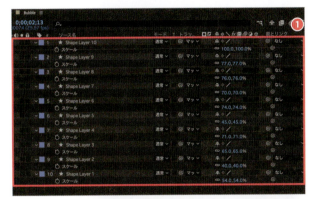

4 調整レイヤーを作り、エフェクト［ブラー（ガウス）］を加える

複製されたシェイプレイヤーの上に調整レイヤーを作ります❶。

この調整レイヤーにエフェクト［**ブラー（ガウス）**］を追加します❷。ブラーの数値を［100］にし、［**エッジピクセルを繰り返す**］のチェックをオフにします❸。

❹のように円形にブラーがかかります。

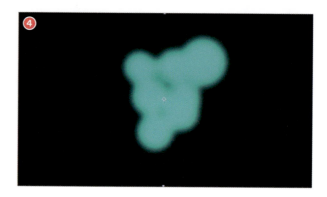

| 5 | エフェクト［レベル（個々の制御）］を追加する |

この調整レイヤーに［**エフェクト**］メニュー>［**カラー補正**］>［**レベル（個々の制御）**］を追加します❶。
チャンネルのプルダウンメニューから「アルファ」を選択し❷、その下のヒストグラムにある三角形を、中央より若干右よりにして互いに近づけて配置します❸。
この設定は、ブラー（半透明化）された部分を60～70%レベルの透明度部分で表示をはっきりさせる意味をもちます。

以上の設定で、シェイプが液体のようにつながる表現は完成です❹。

ここでは円形で作成しましたが、この調整レイヤーの下に配置したものが文字や他の図形であっても同様の効果を表現できます。

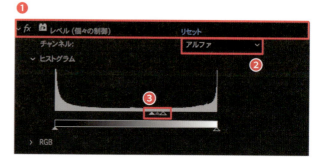

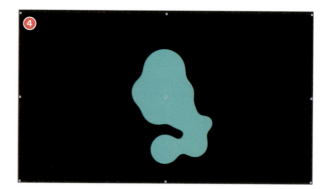

076

021 アニメートを重ねがけして複雑に動くアニメーション

▶ TEC021.mp4

テキストレイヤーの［アニメーター］項目は、テキストモーションを扱ううえで必須のプロパティ群です。ここでは、いくつか「重ねがけ」をしてできる表現を通じて、アニメーターに慣れてみましょう。

1 コンポジションの状態を確認する

練習用データ021のコンポジション「作業前_アニメートを重ね掛けして複雑に動くアニメーション」を開きます❶。

2 文字にアニメーションをつけていく

文字がバウンスするように一度大きくなって元のサイズに戻るアニメーションをつけます。テキストレイヤーを展開し、[アニメーター] > [スケール] を選択します❶。

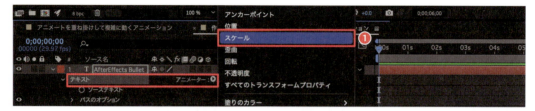

[アニメーター1] を展開し、[範囲セレクター1] 内にある [スケール] のパラメータを [0%] にします❷。このとき、スケールにキーフレームは打ちません。

次に [範囲セレクター1] の [開始] に右の設定でキーフレームを打ち、[イージーイーズ] をかけます❸。これで、2秒かけて文字が1文字ずつ拡大しながら登場するアニメーションができました。

[0:00f 0%]
[2:00f 100%]

さらにバウンス（反動）表現を加えます。テキストレイヤーの [テキスト] を選択して [アニメーター] > [スケール] を選択します。[アニメーター2] が追加されるので、[スケール] を120%にして❹、[範囲セレクター1] 内の [開始] に右の設定でキーフレームを打ち、[イージーイーズ] をかけます❺。アニメーター1との10フレームのずれを用いて、いったん拡大して元に戻るアニメーションが完成します。

[0:10f 0%]
[2:10f 100%]

3 文字が消えてゆくアニメーションを追加する

3秒目から、文字が切り替わりながら縦に落ちて消えていく表現を加えます。[テキスト]を選択して[アニメーター]>[文字のオフセット]❶を選びます。

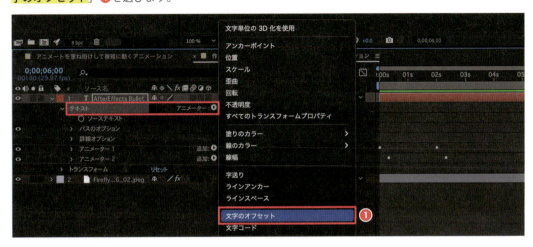

[アニメーター3]❷が追加されるので、その中の[文字のオフセット]に右の設定でキーフレームを打ち[イージーイーズ]をかけます❸。

[3:00f 0]
[4:00f 70]

[アニメーター3]の右にある[追加]から[プロパティ]>[位置]を選択し❹、右の設定でキーフレームを打ちます❺。

[3:00f 0,0]
[4:00f 0,108]

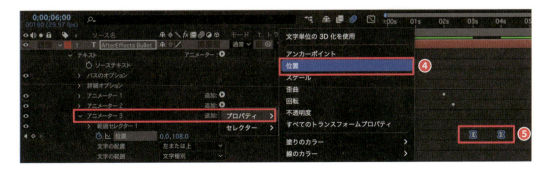

さらに［アニメーター3］を選択して［アニメーター］>［不透明度］❻を追加し、右の設定でキーフレームを打ち、イージーイーズをかけます❼。

［3:00f 100%］
［4:00f 0%］

4 文字の現れ方にさらに変化を加える

［アニメーター1］を選択し、右側の［追加］から［プロパティ］>［位置］❶と［回転］❷を選択します。項目が追加されたら、キーフレームを打たずに右のように入力します❸。この設定で「左に100ピクセル移動して40度傾いた状態から1文字ずつ元の状態に戻っていく」という動きが追加されます。

位置［-100,0］
回転［0x-40］

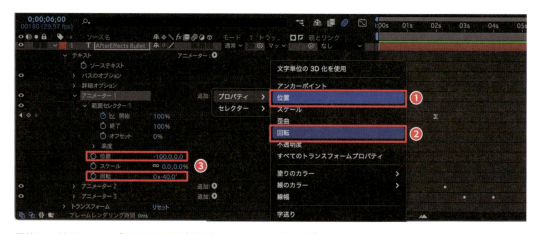

最後に、演出として［モーションブラー］スイッチを押して❹、動きに残像を加えましょう❺。

022 カメラを使ったふわふわアクション

▶ TEC022.mp4

3Dを活用した位相差表現（手前と奥に配置されたものがずれて見える）を解説します。シンプルな表現ですが、さまざまな場面に応用できるのでぜひマスターしておきましょう。

1 コンポジションの状態を確認する

練習用データ022のコンポジション「作業前_カメラを使ったふわふわアクション」を開いてください❶。
「背景」レイヤー❷と「ビジネスマン」レイヤー❸、そして「テキスト」レイヤー❹で構成されています。

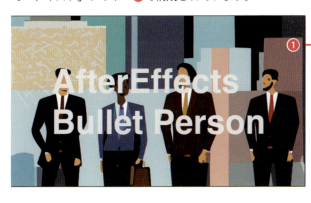

2 3つのレイヤーを3D化し奥行きを表現する

この3つのレイヤーを「3D化」します。作業としては非常にシンプルで「3Dスイッチ」❺を押すだけです。

これで、3つのレイヤーはX軸、Y軸、Z軸（奥行き）でのコントロールが可能になりました。それぞれのレイヤーを展開してZ軸のみ右のように設定し、奥行きにズレを持たせます❻。

テキストレイヤー：[960,540,**260**]
ビジネスマン：[1006.1,885.3,**-300**]
背景：[952.3,519.3,**800**]

3 「カメラ」レイヤーを追加し、ふわふわとした動き（wiggle）をつける

3D表現をまとめてコントロールするためには「カメラ」レイヤーを利用します。[**レイヤー**] メニュー>[**新規**]>[**カメラ**]❶を選択します。

表示される[**カメラ設定**]ダイアログでは、[**名前：カメラ1**][**プリセット：50mm**]はそのままで、[**種類：1ノードカメラ**]を選択し[**OK**]をクリックします❷。

これで「カメラ」レイヤーが作成されました❸。ここで、レイヤー内の右下[**3Dビュー**]が「アクティブカメラ」になっていることを確認してください❹。

「カメラ」レイヤーの[**位置**]に[**wiggle(1,50)**]とエクスプレッションを入力します。エクスプレッションはストップウォッチマークを option キーを押してクリックすると入力できます。

[**wiggle(1,50)**]は「1秒間に**1**回、**50**ピクセルの幅でランダムに動く」という意味。

023 シェイプだけで作るモーションアイコン

▶ TEC023.mp4

フラットモーションデザインを見ると複雑そうな印象を受ける方が多いと思います。しかし、エレメントに分解してみると、実はシンプルな挙動の掛け合わせだったりします。ここでは、そうしたモーションアイコンを作ってみましょう。

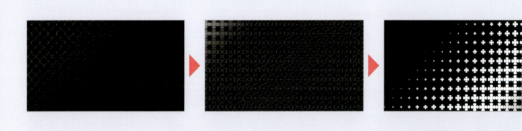

1 コンポジションの状態を確認する

練習用データ023のコンポジション「作業前_シェイプだけで作るモーションアイコン」を開いてください。レイヤーも何もない、まっさらの状態です❶。

2 100px四方のコンポジション内に図形を描く

新規コンポジションを作成する

［コンポジション］メニュー>［新規コンポジション］を実行します。表示される［コンポジション設定］ダイアログで下記の通り設定します❷。

［名前：シェイプコンポジション］
［幅：100px］［高さ:100px］
［フレームレート:29.97］
［デュレーション：10秒］
［背景色：黒］

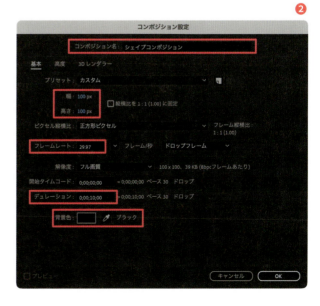

シェイプモーションを作成する

作成したコンポジション内に、2つのシェイプレイヤーを用いて図形を描いていきます。1つ目は正円です。
［塗り：なし］［線：白］［線幅：1px］に設定し❸、ツールバーの［楕円形］ツール❹をダブルクリックします。この操作で、コンポジションの幅、高さを直径とした正円が描かれます❺（コンポジションが長方形の場合、楕円形が描かれます）。

レイヤーを展開して［トランスフォーム］＞［スケール］に右のように設定してイージーイーズをかけます。また、レイヤー名は「円」に変更しておきましょう❻。

［0:00f 0%］
［1:00 100%］
［4:00 100%］
［5:00f 0%］

何も選択していない状態で［多角形］ツールをダブルクリックします。設定は円と同じ［塗り：なし］［線：白］［線幅：1px］のままです。五角形などの多角形が描かれます❼。レイヤーを展開し、［コンテンツ］＞［多角形1］＞［多角形パス1］＞［頂点の数：4］とすると、ダイヤ型に切り替わります❽。また、レイヤー名は「ダイヤ-クローバー」に変更しておきます。

次に、いくつかのプロパティに以下のようにキーフレームを打ち、すべてにイージーイーズをかけます❾。

［多角形パス1］＞［回転］→［2:00f 0x00］［3:00f 0x90］
［多角形パス1］＞［外側の丸み］→［1:00f 0%］［2:00f -345%］
［塗り1］＞［不透明度］→［3:00f 0%］［4:00f 100%］
［トランスフォーム］（レイヤー）＞［スケール］→［0:00f 0%］［1:00f 100%］［4:00f 0%］［5:00f 100%］

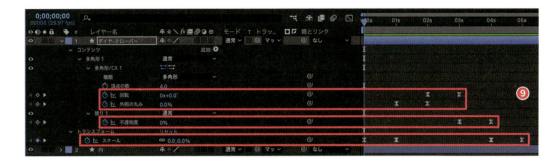

全体的にまとまった円形のシェイプモーションが作成できました❿。

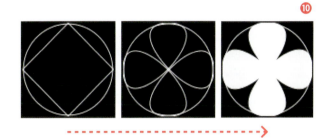

3 シェイプを横に20個並べる

［幅：2000px］［高さ：100px］で「シェイプを横に並べたコンポジション」というコンポジションを作成します❶。
このコンポジションにプロジェクトパネルから「シェイプコンポジション」をドラッグ＆ドロップし、全体で20個になるまで複製します❷。

一番上のコンポジションを左端に❸、一番下のコンポジションを右端に配置し❹、すべてを選択したら［整列］パネルの［均等配置］ボタン❺を押して、20個のコンポジションを均等に並べます❻。

085

すべてのコンポジションを選択して［**ア
ニメーション**］メニュー>［**キーフレー
ム補助**］>［**シーケンスレイヤー**］❼を
実行します。
表示されるダイアログで［**オーバーラッ
プ**］にチェックを入れ、デュレーション
を［**9;28**］に設定して［**OK**］をクリック
します❽。
設定どおりに変更されました❾。

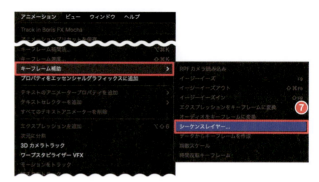

［**シーケンスレイヤー**］ダイアログでデュ
レーションに［**9;28**］と設定することは、
10秒のコンポジションで9秒と28フレー
ム分重なる=2フレーム分ずれることを意
味します。この例では、20個のコンポジ
ションが2フレームずつずれて並ぶことに
なります。

4 シェイプを縦に10個並べる

「作業前_シェイプだけで作るモーションアイコン」というコン
ポジションの中に、「シェイプを横に並べたコンポジション」を
ドラッグ&ドロップして10個にコピー&ペーストします❶。

一番上のコンポジションを上端に❷、一番下のコンポジションを下端に配置し❸、すべてを選択したら［**整列**］パネルの［**均等配置**］ボタン❹を押して、10個のコンポジションを均等に並べます❺。

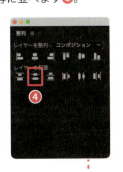

❸で行った操作と同じく、すべてのコンポジションを選択して［**アニメーション**］メニュー>［**キーフレーム補助**］>［**シーケンスレイヤー**］を実行します。
表示されるダイアログで［**オーバーラップ**］にチェックを入れ、デュレーションを［**9;28**］に設定して［**OK**］をクリックします❼❽。

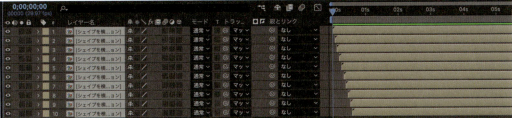

これで、左上から右下にかけて、シェイプが流れるように表示される表現ができあがりました❾。
同様の表現はエフェクトのモーションタイルやエコーなどでも可能ですが、このように1つずつコンポジションで組み上げることで、図形の変化の挙動、左右の反転や細かい調整が行えるようになります。

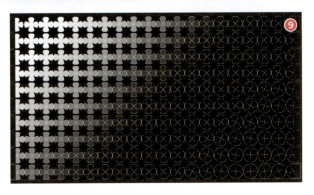

024 シンプルな立体キューブを作る

After Effectsはモデリング（立体物の生成）はできません。ただ、Ver.24からは他のソフトで作られたオブジェクトを読み込む機能が大幅に強化され、今後はさらに発展していく可能性があります。ここでは「平面を貼り付けて」立体物のようなキューブを作成します。

▶ TEC024.mp4

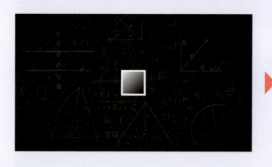

1 コンポジションの状態を確認する

練習用データ024のコンポジション「作業前_軽い立体キューブを作る」を開いてください。数式が書かれた黒板の画像レイヤーのみで構成されています❶。

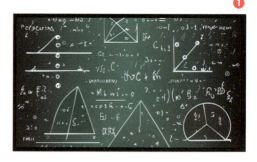

2 平面を作る

立体物の「面」に該当する平面を作っていきます。新規コンポジションを下記のように作成します❷。

［コンポジション名：平面］
［幅：200px］［高さ：200px］

上記以外の設定項目は、他のサンプルデータと同じです。

088

右の設定で［**長方形**］ツールをダブルクリックして正方形を作成します❸。そして、追加されたシェイプレイヤーの名前を「面1」とし、グラデーションを斜めに傾けます❹。

塗り：[**グラデーション**]
線：[**白**]
線幅：[**30px**]

3 面を張り合わせて立体を作る

「平面」コンポジションを「作業前_軽い立体キューブを作る」にドラッグしたら、6つになるまでコピー&ペーストします❶。

この6つの「平面」を立体化していきます。まず、この6つのコンポジションレイヤーすべての3Dスイッチを押します❷。
次に、すべての「平面」レイヤーの［**トランスフォーム**］>［**アンカーポイント**］を［100,100,0］→［100,100,100］に変更します❸。これはZ軸を100px移動することを意味します。

さらに、各レイヤーの［**トランスフォーム**］＞［**回転**］を下記のとおり設定します❹。

レイヤー1つ目　　［**Y回転：90**］
レイヤー2つ目　　［**Y回転：180**］
レイヤー3つ目　　［**Y回転：270**］
レイヤー4つ目　　［**X回転：90**］
レイヤー5つ目　　［**X回転：-90**］
レイヤー6つ目　　変更なし

> ここの設定は、数値を入力してもOKですが、スクラブするほうが動きがわかりやすくてよいかもしれません。スクラブとは、パラメータ上をマウスで左右にドラッグして数値を変更することです。

4 立体化できたか確認する

これまでの作業で立体化できているはずですが、見た目ではまったくわかりません❶。そこで、カメラレイヤーを追加して視点を変えてみます。

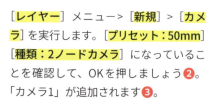

［**レイヤー**］メニュー＞［**新規**］＞［**カメラ**］を実行します。［**プリセット：50mm**］［**種類：2ノードカメラ**］になっていることを確認して、OKを押しましょう❷。「カメラ1」が追加されます❸。

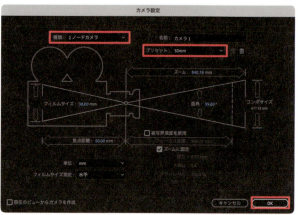

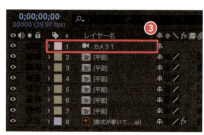

ツールバーから［**カーソルの周りを周回**］ツール❹を選択し、コンポジションパネルのキューブ周辺を自由にドラッグしてみましょう❺。立体が表現されていることが確認できると思います。

025 蝶々が3Dに飛ぶアニメーション

▶ TEC025.mp4

これまでの作業をいろいろ組み合わせて、蝶々が羽ばたくアニメーションを作ってみましょう。3Dレイヤーの扱い方やコンポジションの組み合わせ方を複合的に捉えたテクニックです。

1 コンポジションの状態を確認する

練習用データ025のコンポジション「作業前_蝶々が3Dに飛ぶアニメーション」を開いてください。「草原.ai」レイヤー❶と、中央にカラフルな蝶々が描かれた「Butterfly.ai」レイヤー❷の2レイヤーで構成されています❸。

2 蝶々部分をプリコンポーズする

「Butterfly.ai」レイヤーを選択して右クリック>[プリコンポーズ]❶を実行します。名前は「Butterfly」❷にします。

091

コンポジションパネルの下部にある［**関心領域**］ボタン❸を押して、❹のように蝶々の周囲をドラッグして囲みます。続いて、［**コンポジション**］メニュー>［**コンポジションを目標範囲にクロップ**］❺を実行すると、小さいコンポジションにクロップされます❻。

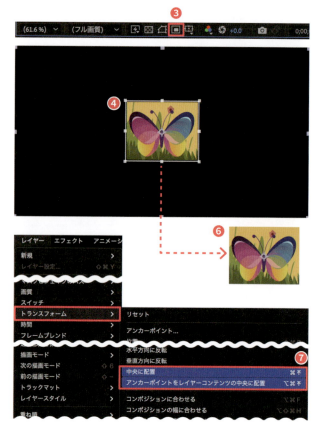

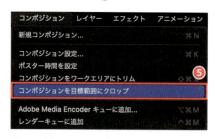

蝶々の位置をコンポジション中央に配置するため、［**レイヤー**］メニュー>［**トランスフォーム**］>［**アンカーポイントをレイヤーコンテンツの中央に配置**］と［**中央に配置**］の2つを実行します❼。

3 蝶々を羽ばたかせる

「Butterfly」コンポジションを開き、中にある「Butterfly.ai」レイヤーを2つにコピー＆ペーストし、上のレイヤーの名前を「Butterfly.ai 2」とします❶。

蝶々を右半分と左半分にマスクします。上のレイヤーを選択したら［**長方形**］ツールで蝶々の右半分をドラッグします❷。同様に、下のレイヤーは左半分をドラッグしてマスクします❸。
次に、これら2つのレイヤーの［**3Dレイヤー**］をONにしておきます❹。

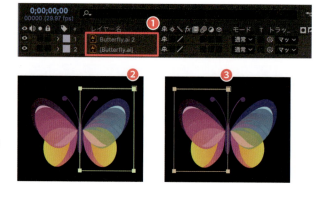

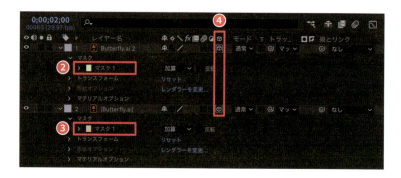

下のレイヤーの［トランスフォーム］>［Y回転］に右の設定でキーフレームを打ちます。また、［Y回転］に下記のエクスプレッションを入力します。

loopOut(type = "pingpong", numKeyframes = 0)

上のレイヤーの［Y回転］には、下記のエクスプレッションを記述します。

thisComp.layer("Butterfly.ai").transform.yRotation*-1

［0:00f 0x-60］
［0:15f 0x80］

option キー（Windowsは Alt キー）を押しながらストップウォッチマークをクリックするとエクスプレッションが記述できます。ここで入力した［loopOut(type = "pingpong", numKeyframes = 0)］はピンポンのように往復しながらループを繰り返す、［thisComp.layer("Butterfly.ai").transform.yRotation*-1］は「Butterfly.ai」レイヤーの回転を反転させた動きをする、という意味です。

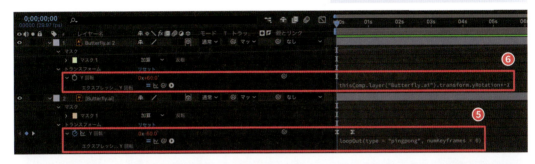

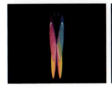 

この動きを繰り返す

4 蝶々を花畑に飛ばす

「作業前_蝶々が3Dに飛ぶアニメーション」に戻り、「Butterfly」レイヤーの［3Dスイッチ］を押します。また、この段階で蝶々の大きさを［スケール］40%にしておきましょう❶。
次に、［トランスフォーム］>［位置］を右クリックして［次元に分割］❷を実行します。

これで［**X位置・Y位置・Z位置**］❸の値をコントロールすることで花畑に蝶々を自由に飛ばすことができます。

作例では、下記のように設定し、すべてにイージーイーズをかけました❹。
X位置［**0:00f 610**］［**9:29f 2100**］
Y位置［**0:00f 160**］［**9:29f 160**］
Z位置［**0:00f -400**］［**9:29f 0**］

続いて、［**グラフエディタ**］❺でグラフの形を❻のようにカーブさせました。

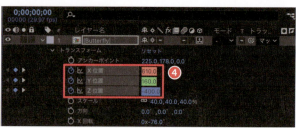

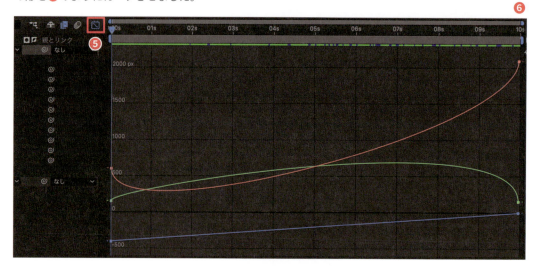

これで蝶々が花畑の左奥からカーブして右方向へ飛んでいく表現ができます。ただ、この状態では蝶々の方向が変化しないので［**レイヤー**］メニュー>［**トランスフォーム**］>［**自動方向**］❼を実行し、ダイアログの［**パスに沿って方向を設定**］❽にチェックを入れます。これで、蝶々はパスに沿った向きになります。

蝶々の向きを調整する場合は［**トランスフォーム**］>［**回転**］の値を修正するとよいでしょう（作例では［**X回転：76°**］にしています）。

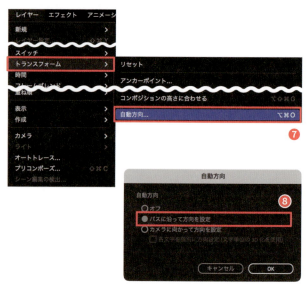

026 文字が空中に浮くアニメーション

▶ TEC026.mp4　最近のリリックビデオの文字表現の多彩さには目を見張るものがあります。ここでは、カメラを使った立体文字表現についてトライしてみましょう。

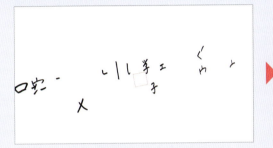

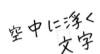

1　コンポジションの状態を確認する

練習用データ026のコンポジション「作業前_空中で文字が揃うアニメーション」を開きます。「ヌル」、「カメラ」、「文字（シェイプ化済み）」、「平面（背景）」の4つのレイヤーで構成されています❶。

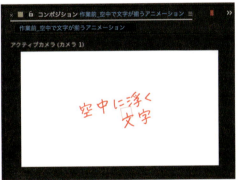

2　文字を分割する

文字を立体的に表現するため、それぞれの文字をパーツごとにバラバラに分けていきます。Tips 13で触れた「GG文解」「Cuttana Nir2」などのプラグインを使うと簡単ですが、手動ではとても骨が折れる作業です。
たとえば「空中に浮く文字」の「空」であれば、「宀」「ソ」「一」「エ」の合計4パーツのシェイプレイヤーを1つずつ作成していく作業となります❷。

プラグインをお持ちの方は続けて分割作業を進めてもらってもOKですし、作業が面倒な方やプラグインをお持ちでない方は練習用データのコンポジション「文字分解まで_空中で文字が揃うアニメーション」❸を開きましょう。

❹のように文字の分割が終わった状態のレイヤーです。

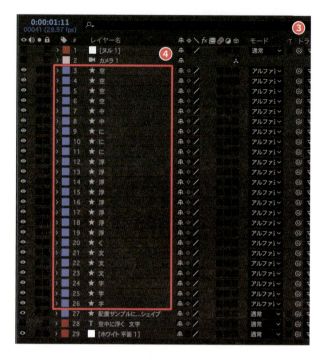

3　文字をパーツごとに浮遊させる

まず、作業中に混乱しないために、ヌルレイヤーとカメラレイヤーの表示ボタンを非表示にします。

文字パーツの3Dスイッチを ONにする

次に、分割された文字のレイヤーすべての3Dスイッチを押します❷（「配置サンプルにする文字シェイプ」レイヤーは2Dのままにします）。

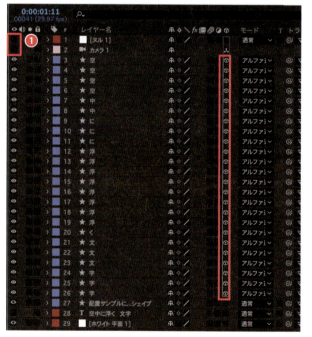

096

文字パーツのZ位置を変更する

それぞれの文字パーツについて［**トランスフォーム**］＞［**位置**］のZ位置（3つあるパラメータの右端）の数値を-1000〜1000の間で変更します❸。

Z位置を変更すると、❹のように元の文字の位置からずれてしまいます。青の文字は「配置サンプルにする文字シェイプ」レイヤーの情報で、青い文字に重なるようにそれぞれのパーツで［**X位置、Y位置**］［**スケール**］を調整します❺。

つまり、文字の配置を奥方向にずらし、そのずれた分を縦横の位置や大きさを調整して1つの文字に見えるようにしているわけです。

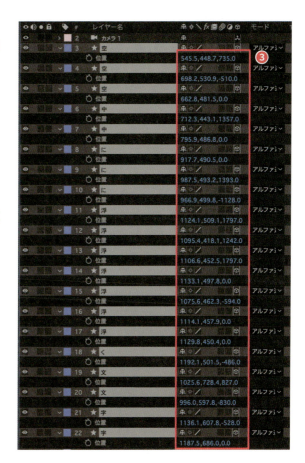

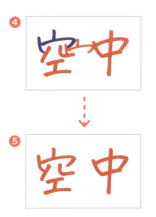

「ヌル」と「カメラ」レイヤーの表示スイッチをオンにしましょう❻。この作例では、3秒でカメラが文字の周囲を回る動きを設定しています❼。

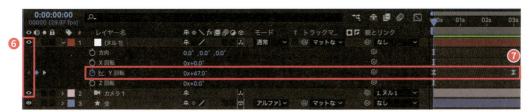

027 インクのにじみを表現するアニメーション

▶ TEC027.mp4

インク表現などモノトーンでの表現は、トラックマットで作るトランジションをはじめ、さまざまな環境で非常に有効です。素材の購入や撮影といった手法も用いられますが、After Effectsのみで完結する手法も知っておきましょう。

1　コンポジションの状態を確認する

練習用データ027のコンポジション「作業前_インクのにじみを作るアニメーション」を開きます。「Inksplash」というコンポジションが1つあるだけです❶。

「Inksplash」は、黒の模様が描かれた「シェイプ」レイヤーと「平面」レイヤーで構成されています。［コンテンツ］＞［シェイプ1］＞［パス1］と［トランスフォーム］＞［スケール］にキーフレームが打ってあり、不規則に変形します。

黒の模様の形は何でもかまいません。パスの扱いに慣れている方は好みの形を描いてみてください。その場合、塗りは黒にして作成してください。

2 模様にブラーをかける

「作業前_インクのにじみを作るアニメーション」コンポジションに戻り、「Inksplash」に［**エフェクト**］メニュー>［**ブラー&シャープ**］から［**ブラー（ガウス）**］❶を実行し、［**ブラー**］の値を［**300**］にします❷。

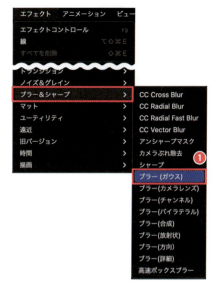

3 ノイズ素材を作成する

「Inksplash」の下に［**塗り：白**］の「平面」レイヤーを1つ作成します❸。

続いて、この「平面」レイヤーに［**エフェクト**］メニュー>［**ノイズ&グレイン**］から［**フラクタルノイズ**］❹を実行し、下記のとおりに数値を変更します❺。

［**ノイズの種類：スプライン**］
［**コントラスト：200**］
［**トランスフォーム>スケール：200**］

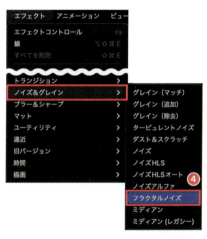

最後に、コンポジション「Inksplash」の描画モードを［**リニアライト**］にすると完成です❻。
フラクタルの種類を［**ダイナミック**］や［**サブスケール**］にしたり、複雑度を変えたりするとインクの滲み方に変化が生まれます。また、元のシェイプの形を変えるだけでも大幅に変化しますので、いろいろ試してみるとよいでしょう。

028 BallActionによる ウェーブアニメーション

▶ TEC028.mp4

以前からBallActionというエフェクトは ありましたが、輝度情報を奥行きに活用する「デプス」というプロパティが搭載され、今後さまざまなところで活用されると思います。ここではBallActionの使い方を見ていきましょう。

1 コンポジションの状態を確認する

練習用データ028のコンポジション「作業前_BallActionによるウェーブアニメーション」を開きます。エフェクト[**フラクタルノイズ**]❶が付加された1つの平面レイヤーで構成されています。また、[**展開**]に10秒で2回転するようにキーフレームが設定されています❷。

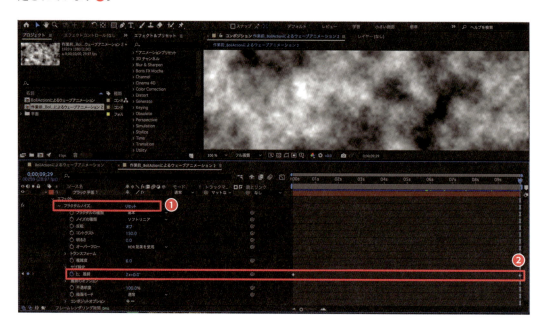

100

2 BallActionを適用する

平面レイヤーを選択して［**エフェクト**］メニュー>［**シミュレーション**］>［**CC Ball Action**］❶を実行します。

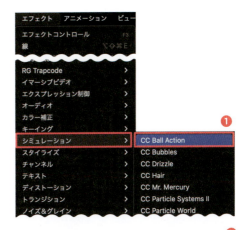

各パラメータは以下のとおりに設定します❷。
［Grid Spacing：0］
［Ball size：35］
［Shading：100］

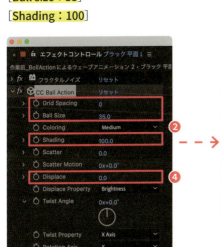

この操作で、模様をドット化させることができます❸。

次に、［**Displace**］❹の値をスクラブ（左右にドラッグ）して変化を見てみましょう。暗い部分が奥に、明るい部分が手前に浮き出るような（もしくはその逆）表現になります❺。

ここで取り上げた作例では［**Displace：6**］、［**Rotation Axis：X**］、［**Rotation：115°**］に設定しています❻。

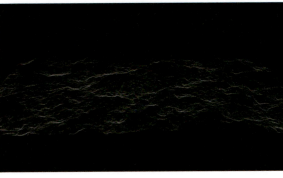

101

029 標準エフェクトだけで作る水表現

▶ TEC029.mp4

After Effectsではさまざまな物理表現をシミュレーションできます。リアリティを追求するとキリがありませんが、なるべく簡単に標準エフェクトだけで水面のゆらぎを表現してみたいと思います。

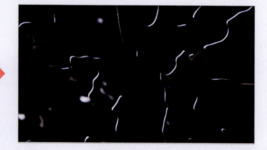

1 コンポジションの状態を確認する

練習用データ029のコンポジション「作業前_標準エフェクトだけで作る水」を開きます。黒の平面レイヤー1つで構成されています❶。

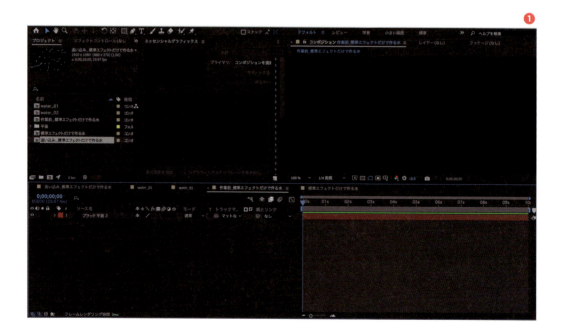

2 各種エフェクトを重ねて模様を作成する

フラクタルノイズ

平面レイヤーを選択して［**エフェクト**］メニュー>［**ノイズ&グレイン**］>［**フラクタルノイズ**］❶を実行します。
表示される「エフェクトコントロール」で［**コントラスト：300**］❷に設定し、コントラストの強い模様にします❸。

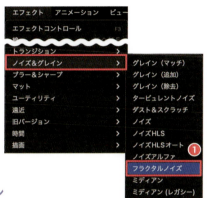

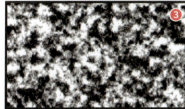

ポスタリゼーション

次に、［**エフェクト**］メニュー>［**スタイライズ**］>［**ポスタリゼーション**］❹を実行し、［**レベル：2**］❺とします。

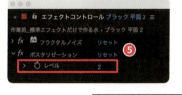

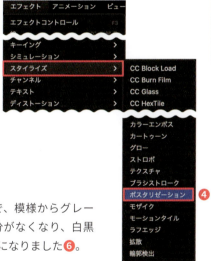

これで、模様からグレーの部分がなくなり、白黒の2色になりました❻。

ディストーション>ワープ

この模様をより水の広がるような表現にしたいので、［**エフェクト**］メニュー>［**ディストーション**］>［**ワープ**］❼を実行します。

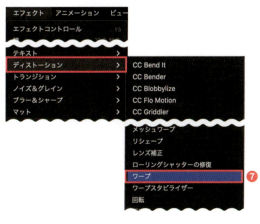

「エフェクトコントロール」で、次のように設定します❽。
[ワープスタイル：魚眼レンズ]
[ベンド：-100]
中央から模様が飛び出すような表現になりました❾。

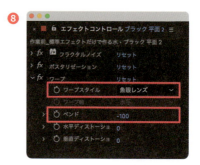

Blur & Sharpen>CC Vector Blur

さらに水面らしい質感に整えるために[エフェクト]メニュー>[ブラー&シャープ]>[CC Vector Blur]❿を実行します。

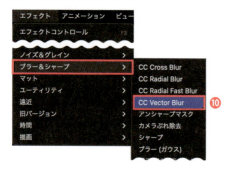

[Amount：50]⓫に設定すると、不思議な模様になります⓬。

ブラー（ガウス）

[エフェクト]メニュー>[ブラー&シャープ]>[ブラー（ガウス）]⓭を実行し、[ブラー：100]⓮に設定して少し滲ませます。これで、元となる模様が完成しました⓯。

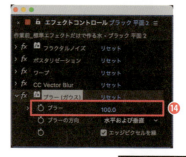

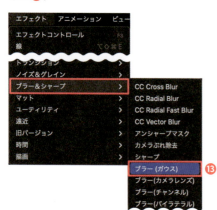

平面レイヤーを右クリックして［**プリコンポーズ**］⑯を実行し、名前を「water_01」にしてOKをクリックします⑰。

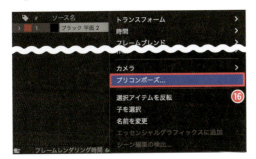
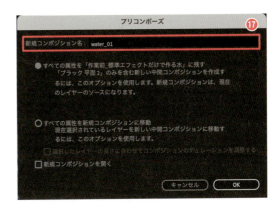

3 細かい水滴を作成する

プロジェクトパネル内で「Water_01」をコピー＆ペーストして「Water_02」を作成し❶、水滴の細かい部分を作り込んでいきます。［**エフェクト**］内の［**フラクタルノイズ**］のみを残して、次のように設定します❷。
［**コントラスト：600**］［**明るさ：-170**］
［**トランスフォーム>スケール：200**］

ここでは、例として区切りのよい数値を設定していますが、実際には画面を見ながら、よりリアルになるように数値を入力していきます。

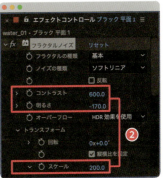

ブラー（方向）

［**エフェクト**］メニュー>［**ブラー＆シャープ**］>［**ブラー（方向）**］❸を実行して次のとおり設定します❹。
［**方向：-45**］［**ブラーの長さ：40**］

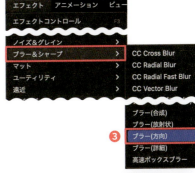

ここまでの操作で、❺のような表現ができています。

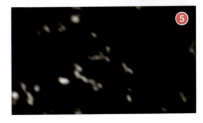

4色グラデーション

［エフェクト］メニュー >［描画］>［4色グラデーション］❻を実行します。エフェクトコントロールで❼のような暗いトーンを加え、［描画モード：オーバーレイ］❽に設定します。

ここまでの操作で、❾のようになりました。

4　水滴表現を追い込む

コンポジション「作業前_標準エフェクトだけで作る水」の中に「water_01」と「water_02」を❶のように配置します。

CC Plastic

「water_01」を選択して［エフェクト］メニュー >［スタイライズ］>［CC Plastic］❷を実行し、［Cut Min：30］［Light>Light Intensity：700］と設定します❸。

チャンネル>反転

次に、[エフェクト]メニュー>[チャンネル]>[反転]❺を加えます。

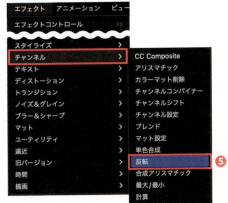

グロー

[エフェクト]メニュー>[スタイライズ]>[グロー]❻を加え質感を際立たせます。

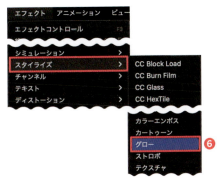

パラメータは以下のとおりです❼。
[グロー強度：4]
[カラーA：#0738CA]
[カラーB：#0A0068]
カラーA、カラーBをそれぞれ青色にすることで、水の光沢が生まれます❽。

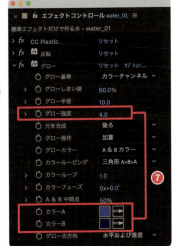

標準エフェクトだけでこのような水面の表現を作成することはほとんどありませんが、作業の流れを理解することで、さまざまな場面で応用できるでしょう。

練習用データには「追い込み_標準エフェクトだけで作る水」というコンポジションも入っています。こちらも参考にしてみてください。

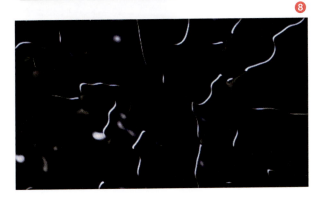

107

030 地面がシェイクする表現

▶ TEC030.mp4

隕石が落ちて地面が揺れる…という表現を活用する機会があるかはわかりませんが、この表現を通してエクスプレッションの使い方、wiggleとピックウィップ、エクスプレッション制御の具体的な組み合わせのテクニックを理解してほしいと思います。

1 コンポジションの状態を確認する

練習用データ030のコンポジション「作業前_地面がシェイクする表現」を開いてください❶。
「隕石」「地面」「空」というaiデータの3レイヤーで構成されており、この中の「隕石」には、すでに動きがついています❷。

108

2 地面を揺らす

Wiggleの設定

隕石が落ちるタイミングで地面を揺らします。揺れの表現はエフェクトではなく、Wiggleで行います。レイヤー「地面」を展開して［**トランスフォーム**］＞［**位置**］にあるストップウォッチマーク❶を、 option （ Alt ）キーを押しながらクリックし、タイムラインに❷のエクスプレッションを記述しましょう。

［**wiggle(30,50)**］❷

これで地面が振動します。左側の「30」は1秒間に揺れる振動数（1秒内のキーフレームの数）、右側の「50」は振動する幅（px）を表します。

モーションタイルの設定

このままでは揺れたときに画面の左右にレイヤーの境界が見えてしまうため❸、レイヤー「地面」に［**エフェクト**］メニュー＞［**スタイライズ**］＞［**モーションタイル**］❹を適用し、［**出力幅：120**］とし、ミラーエッジにチェックを入れておきましょう。

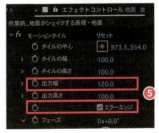

3 地面の揺れに強弱をつける

この状態では隕石が落ちる前からずっと地面が同じように振動するだけなので、隕石が落ちた瞬間に大きく揺れて、その後少しずつ揺れが鎮まるように調整を加えます。
「地面」にWiggleを設定しているため、キーフレームを打って制御することはできません。そこで、［**エフェクト**］メニュー＞［**エクスプレッション制御**］＞［**スライダー制御**］❶を適用します。

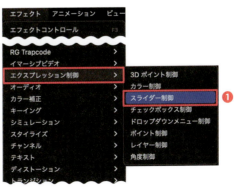

109

次に、キーフレームを右のとおり設定します❷。

[1:29f 0]
[2:00f 50]（隕石が落ちた瞬間）
[3:20f 0]

続いて、この数値情報をwiggleとリンクさせます。前ページの②で入力したエクスプレッション内の［50］の数値を選択したら❸、「位置」のピックウィップ❹をスライダー制御＞[スライダー]❺までドラッグ＆ドロップします。

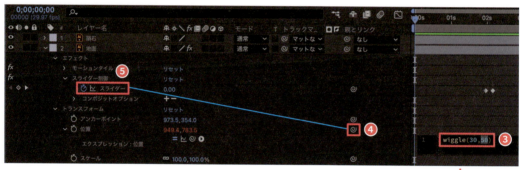

エクスプレッションが下記の記述に書き換わったら成功です❻。
[wiggle(30,effect("スライダー制御")("スライダー"))]

これで、「1秒間に30回、スライダー数値の大きさにしたがって揺れる」表現ができあがりました。

4 演出を加える

地面だけが揺れて、隕石が揺れてないなど不自然なところが見受けられるので、若干調整しましょう。

まずは、隕石と地面の［モーションブラー］スイッチ❶を押します。これで、揺れの激しいところにはブラーがかかった表現となります。さらに、レイヤー「隕石」の「親とリンク」で「2.地面」を選択します❷。これで、地面と同じ強さで隕石も揺れるようになります❸。

110

031 ラフエッジを使った集中線

▶ TEC031.mp4

中央に被写体がある際の集中線表現を行います。この表現のポイントは「エフェクトの掛け合わせ」です。多くのエフェクトの掛け合わせで生まれるさまざまな表現を見てみましょう。

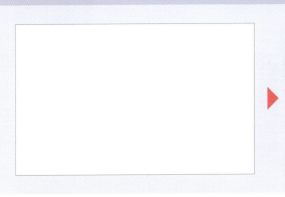

1 コンポジションの状態を確認する

練習用データ031のコンポジション「ラフエッジを使った集中線_作業前」を開いてください。白い平面レイヤーが1つ置かれただけの構成です❶。

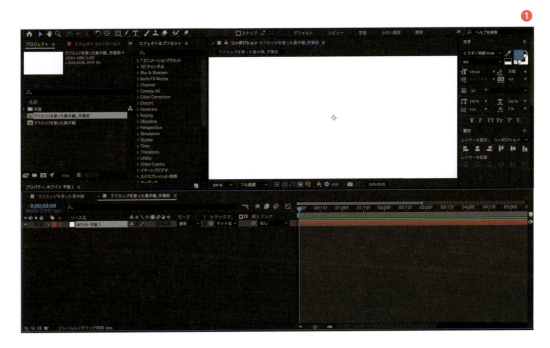

2 集中線素材を作る

フラクタルノイズ

平面レイヤーを選択して［**エフェクト**］メニュー＞［**ノイズ＆グレイン**］＞［**フラクタルノイズ**］❶を適用します。
次にパラメータを下記のとおり設定します❷。

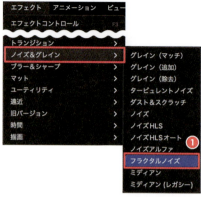

［**コントラスト：300**］［**トランスフォーム＞スケール：3000**］
［**展開**］のキーフレーム［**0:00f 0x0**］［**10:00f 5x0**］

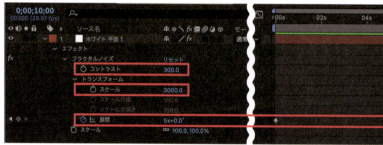

極座標

［**エフェクト**］メニュー＞［**ディストーション**］＞［**極座標**］❸を実行し、次のとおり設定します❹。

［**補間：100%**］
［**変換の種類：長方形から極線へ**］

ノイズが中心から広がる円形になりました❺。

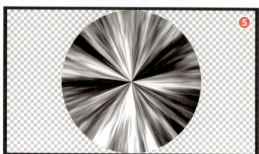

112

3 集中線を整える

集中線を画面全体に広げるために、[エフェクト]メニュー>[ディストーション]>[トランスフォーム]❶を実行し、[スケール：300]に設定します❷。

> レイヤーのトランスフォーム内のスケールで調整してもよいのですが、ここではすべてエフェクトでコントロールするため、トランスフォームエフェクトを適用しています。

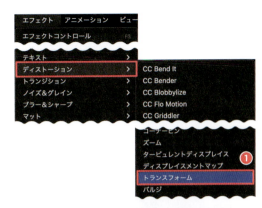

4 透明化する

チャンネルシフト

この集中線の黒い部分を透過させます。
[エフェクト]メニュー>[チャンネル]>[チャンネルシフト]❶を実行し、[アルファを取り込む：明度]を選択します❷。これで黒色部分(明度の低い部分)がアルファデータとして透過されました❸。ただ、まだ半透明の部分に黒が残っています。

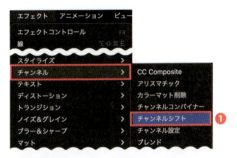

カラーマット削除

[エフェクト]メニュー>[チャンネル]>[カラーマット削除]❹を実行します。削除する色はデフォルトで黒([背景色：黒])なので、この操作で完全に黒は削除されます❺。

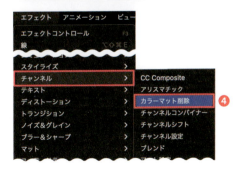

5 集中線のトーンを整える

エフェクト>描画>塗り

集中線のカラーを変えていきましょう。ここでは黒い集中線にするために［エフェクト］メニュー>［描画］>［塗り］❶を実行し、［カラー：黒］❷にします。ここまでの結果は❸のとおりです。

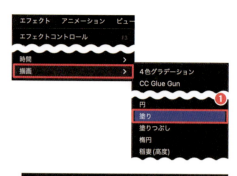

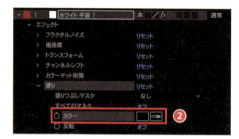

アイリスワイプ

［エフェクト］メニュー>［トランジション］>［アイリスワイプ］❹を実行し、［アイリスポイント：30］［外半径：350］と設定します❺。これで、中央部分に被写体のスペースができます❻。

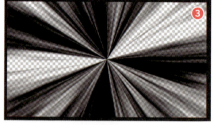

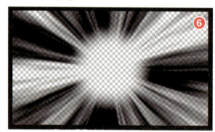

ラフエッジ

［エフェクト］メニュー>［スタイライズ］>［ラフエッジ］❼を実行し、［スケール：10］と設定します❽。鉛筆風のエッジの質感を加えて完成です❾。

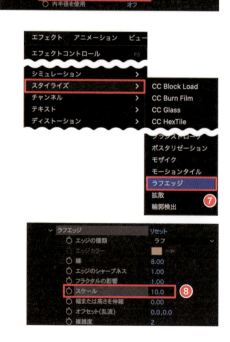

「カラフルな集中線を作りたい」「フワッとした集中線を作りたい」……といったアレンジも、ここで取り上げたテクニックを応用して表現できます。いろいろ試してみるとよいでしょう。

Chapter

05

基本編
インフォグラフィックスのテクニック

032 円グラフのアニメーション

▶ TEC032.mp4

グラフを用いた表現は、モーションインフォグラフィックスを作るうえで必須といえます。基礎的な機能の積み重ねになりますが、まずはいろいろ試してみましょう。

  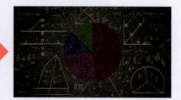

1 コンポジションの状態を確認する

練習用データ032のコンポジション「作業前_円グラフのアニメーション」を開いてください。
数式が書かれた黒板のイラスト❶の上に、緑色の正円❷が描かれたシェイプレイヤーが乗っています。

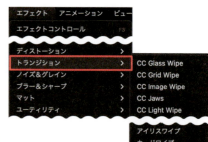

2 放射状ワイプで円グラフを徐々に登場させる

「円グラフ01」レイヤーを選択して[**エフェクト**]メニュー>[**トランジション**]>[**放射状ワイプ**]❸を実行します。

116

［放射状ワイプ］を展開して［変換終了］にキーフレームを右のように設定し、イージーイーズをかけます❶。

また、円グラフは時計廻りに登場することが多いため、［ワイプ］から［反時計廻り］を選択します❷。

次に、グラフをいくつかに色分けするために［エフェクト］メニュー>［描画］>［塗り］を実行し、［塗り］を追加しておきます❸。

［0:00f 100%］
［2:00f 0%］

After Effectsの仕様上、反時計廻りを選択すると時計廻りに表示されます。

3 複数の円を重ねて円グラフを表現する

「円グラフ01」を4つにコピー＆ペーストします。次に、2:00fにインジケーターを合わせて❶、各円グラフレイヤーの［放射状ワイプ］>［変換終了］を右のように設定します❷。

円グラフ02 ［13%］
円グラフ03 ［26%］
円グラフ04 ［52%］

各レイヤーに付加されたエフェクト［塗り］のプロパティ［カラー］にそれぞれ別の色を割り当てましょう。これで円グラフの完成です❸。

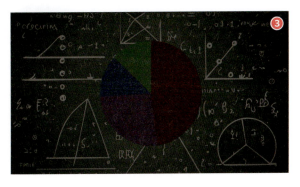

4 ドーナツ型の円グラフを表現する

ドーナツ型の円グラフ❶を表現する場合、前ページまでに見た「放射状ワイプ」でも作成できますが、シェイプレイヤーの効果［パスのトリミング］を使うことでよりシンプルに表現できます。コンポジション「応用_円グラフのアニメーション」を開いてください❷。

円グラフの正円は、［塗り：なし］［線：180px］で作成されています❸。

例として、1番上にある「円グラフ04」を見てみましょう。［3:00f］にインジケーターを合わせて［コンテンツ］>［パスのトリミング1］>［終了点］を見ると［48%］と設定されています❹。
❺は「円グラフ04」の［3:00f］時点での表示です。［終了点：48%］が、そのまま円グラフの数値として使用できる利点があります❻。

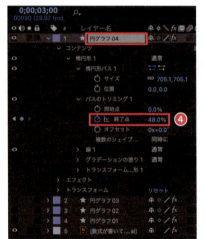

同様に他の3つの楕円形も［終了点］や［カラー］を異なる数値で設定して、ドーナツ型の円グラフを完成させましょう❼。

033 数値と棒グラフが一致するアニメーション

▶ TEC033.mp4

棒グラフの作成はシェイプレイヤーやマスク等で比較的容易にできますが、ここでは「テキスト表示される数値情報」に同期する棒グラフのアニメーションを作成します。

1 コンポジションの状態を確認する

練習用データ033のコンポジション「作業前_数値と棒グラフが一致するアニメーション」を開いてください❶。数式が書かれた黒板のイラストの上に、「グラフ」のシェイプレイヤー、「日本のAfterEffects人口は　　万人」というテキストレイヤー、数値表示用の「000」というテキストレイヤーの4レイヤーで構成されています❷。

2 棒グラフが延びるアニメーションを作る

棒グラフが上下に伸縮するアニメーションを作成します。いろいろな作り方がありますが、ここでは「数値表現と連動する」ことを視野に入れて［**スケール**］でコントロールします。
「グラフ」レイヤーを選択し、［**アンカーポイント**］ツール❸を選択します。アンカーポイントの位置をシェイプの底面中央❹に移動し、［**選択**］ツール❺に戻します。

基本編　インフォグラフィックスのテクニック

119

「グラフ」レイヤーを展開して［**トランスフォーム**］＞［**スケール**］❶に縦横比のリンクを外して❷、右側のY軸の値を右のとおりキーフレームを打ち、イージーイーズをかけます❸。

［1:00f 0%］　［4:00f 65%］
［3:00f 100%］　［5:00f 105%］

3　文字とグラフを連動させる

「000」レイヤーが、グラフの挙動と連動するようにします。「グラフ」レイヤーの［**スケール**］が表示された状態で、「000」レイヤーを展開します。［**テキスト**］＞［**ソーステキスト**］＞［**ソーステキスト**］の右側にある「プロパティピックウィップ」❹を［**グラフ**］＞［**スケール**］❺までドラッグして関連づけます。

この操作で、［**ソーステキスト**］内に［**エクスプレッション：ソーステキスト**］と追加され、タイムライン上に「thisComp.layer("グラフ").transform.scale[0]」と表示されます❻。
これは、「「グラフ」レイヤーのスケール情報を参照しなさい」というスクリプト（簡単なプログラミング）が入力されたことを意味します。

こうしたスクリプトをAfterEffectsでは「エクスプレッション」と呼びます。

4 エクスプレッションを書き換える

このままではグラフのY軸の変化に連動しないのと、小数点以下まで表示されてしまうので、エクスプレッションを変更します。まず、スケールの縦軸に連動するように、次のように末尾の［0］を［1］に書き換えます。必ず半角で入力しましょう。

> スケールのパラメータは［0：X軸］、［1：Y軸］と規定されています。

thisComp.layer("グラフ").transform.scale[0]
　　　　　　　　↓
thisComp.layer("グラフ").transform.scale[1]

いったん再生してみます。数値は動くようになりましたが、小数点以下の桁数が多くて表示がはみ出してしまいます❶。

そこで、小数点以下を切り捨てて表示するようにエクスプレッションを編集します。現状のエクスプレッションを括弧でくくり、下記のとおり入力します。半角で入力し、先頭の大文字や末尾の「)」も間違えないようにしましょう。

thisComp.layer("グラフ").transform.scale[1]
　　　　　　　　↓
Math.floor(thisComp.layer("グラフ").transform.scale[1])

小数点以下を切り捨てた表示になりました❷。

5 数値を自由に設定する

上記の設定ではスケールの数値をそのまま表示しますが、「100%のときに298と表示したい」といった場合もあるでしょう❸。そんなときは、下記のように、末尾の「)」の直前に298を100で割った数値を入力します。

Math.floor(thisComp.layer("グラフ").transform.scale[1] *2.98)

このようにエクスプレッションを書き換えることで、さまざまな条件で数値を表示させられるようになります。

034 矢印が延びていくアニメーション

▶ TEC034.mp4

矢印のアニメーションは、モーションインフォグラフィックスにおいて必須と言ってもよい技法です。

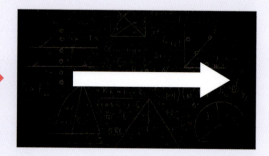

1 コンポジションの状態を確認する

練習用データ034のコンポジション「作業前_黒板の文字が描かれていくアニメーション」を開いてください。数式が書かれた黒板の画像の上に、矢印が描かれたシェイプレイヤーが重なっています❶。

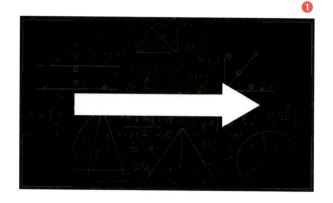

2 矢印が延びていくアニメーション

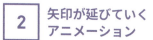

矢印は、[線幅：142px][塗り：なし][線：白]の線❷と、[頂点の数：3][回転：-30°][塗り：白][線：なし]の多角形パス❸で描かれています。

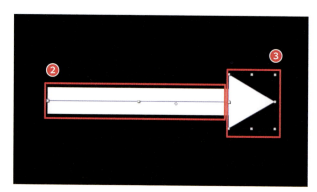

この矢印を左から右に徐々に登場させるには、［エフェクト］メニュー>［トランジション］>［リニアワイプ］を付加して［変換終了］のプロパティに［1:00f 100%］［3:00f 0%］とキーフレームを打ち［ワイプ角度］を［0x-90］に設定するのが最も簡単でしょう❹。

ただ、この方法では三角形部分が途中から表示されたり、また曲線の矢印に対応できないなど応用が利きません❺。

3 矢印の先端が表示されたまま線が延びるアニメーションの作成

先端と棒を分離する

矢印の先端が表示されたまま延びるアニメーションを作成します。まずは、先端部分と棒状の部分を別レイヤーに分離します。「矢印」レイヤーをコピー&ペーストして複製したら❶、それぞれのレイヤーを展開して［コンテンツ］の中に入っている［シェイプ1］と［多角形1］❷を各レイヤーから削除します。

次に、［シェイプ1］を削除したレイヤー名を［矢印］、［多角形1］を削除したレイヤー名を［線］にリネームします❸。
次は、先端と線にそれぞれ異なる動きを加えていきます。

線が延びていくアニメーション

「線」レイヤーを展開して［コンテンツ］>［追加］>［パスのトリミング］を選択し、追加された［パスのトリミング1］>［終了点］で右のように設定しイージーイーズをかけます❹。

［1:00f 0%］
［3:00f 100%］

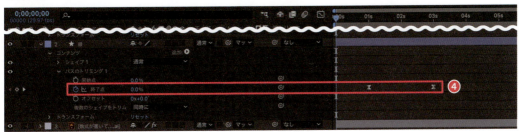

先端が移動するアニメーション

「矢印」レイヤーの［**トランスフォーム**］>［**位置**］で右のように設定し、イージーイーズをかけます❺。

［1:00f 488,540］
［3:00f 1588,540］

この設定で、矢印の先端が右に移動するアニメーションが完成します❻。

4　曲線を描いて進む矢印の作成

曲線を描く

曲線は［**ペン**］ツールを用いて **ドラッグして** 描いていきます❶。

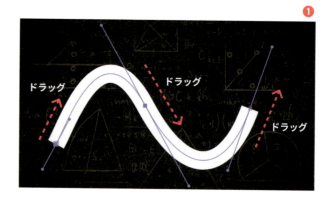

曲線が延びていくアニメーション

直線のときと同様に、［**コンテンツ**］>［**追加**］>［**パスのトリミング**］を実行し、追加された［**パスのトリミング1**］>［**終了点**］で右のように設定しイージーイーズをかけます❷。

［1:00f 0%］
［3:00f 100%］

矢印の先端を曲線に沿って移動させる

パスの挙動を、そのまま三角形の移動方向情報にコピー&ペーストします。
[線]レイヤーを展開して[コンテンツ]>[シェイプ1]>[パス1]>[パス]❸を選択し、コピー（⌘+C）します。

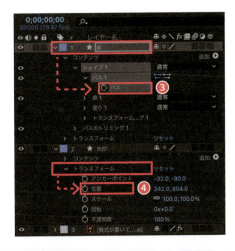

次に、[矢印]レイヤーを展開して[トランスフォーム]>[位置]❹を選択し、ペースト（⌘+V）します。
この操作で、線のパス情報が矢印の先端の位置情報としてコピーされます。[位置]のキーフレームをそれぞれ[1:00f][3:00f]に移動します❺。

三角形（矢印の先端）が線の表示とともに移動するようになりましたが、矢印の先が常に右を向いています❻。矢印の方向を変更するには、[矢印]レイヤーを選択し、[レイヤー]メニュー>[トランスフォーム]>[自動方向]❼を選択します。
表示される[自動方向]ダイアログにある[パスに沿って方向を設定]❽にチェックを入れます。これで、矢印の方向がパスに沿って変化するようになりました❾。

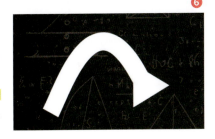

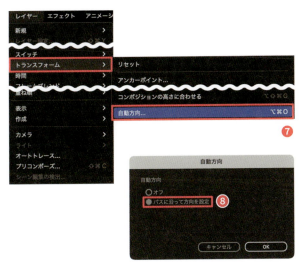

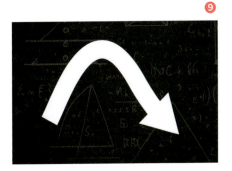

Chapter

06

応用編
モーションデザイン複合テクニック

035 タイル素材を複数作る

▶ TEC035.mp4

「フラットモーションアニメーション」の分野ではさまざまなテクスチャ／テキスタイルを動かします。ここでは、背景に使われるタイル素材の考え方と作り方を見ていきましょう。

1 コンポジションの状態を確認する

練習用データ035を開き、[幅：100px] [高さ：100px] の新規コンポジション❶を作成します。なお、完成形に当たるコンポジションは「作例_色を整えながらタイル素材を作る」❷です。

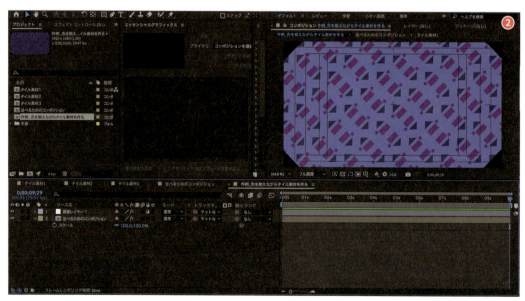

2 タイリング素材を作る

「タイル素材1」を例として開いてみましょう。
平面レイヤーが1つ、シェイプレイヤーが4つで構成されています。動かしてみると、画面サイズと同じ大きさの3つのシェイプが左からスライドして入ってきて、最後に下からボールが入ってきます❶。

この作例は、作り方は重要ではなく「これくらいシンプルなものを用意しているんだな」という認識でご覧ください。

❶

「タイル素材2」「タイル素材3」も「タイル素材1」と同じようにシンプルな動きを組み合わせて作っています。

3 タイル素材を並べる

コンポジション「並べるためのコンポジション」を開きます❷。
横300px、縦100pxの小さなコンポジションで、「タイル素材1〜3」が並んでいます❸。

❷

このように、3色で統一したシンプルなデザインを並べて動かすだけでも想像以上に面白い表現を生み出せるものです❹。

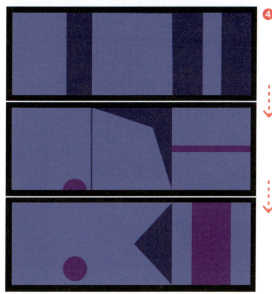
❹

タイル素材を作成するときは、以下の点に留意しましょう。
1：2〜3色だけ使用する。
2：10フレームや1秒など、シンプルな動きだけにする。

応用編　モーションデザイン複合テクニック

6

129

4 フルハイビジョンサイズにタイリングする

コンポジション「作例_色を揃えながらタイル素材を作る」❶
を開いてください。

ここにはエフェクト［**モーションタイル**］❷が適用されており、
このエフェクトを非表示にすると、中央に［**トランスフォーム**］
>［**回転：0x45°**］❸が設定されいるコンポジションが1つ配置
されていることがわかります❹。

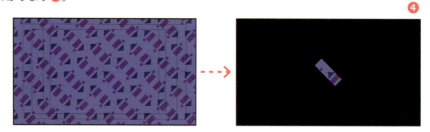

モーションタイルの設定

「モーションタイル」は、［**エフェクト**］メニュー＞［**スタイラ
イズ**］＞［**モーションタイル**］❺を実行して適用します。適用
したら、エフェクトコントロールで［**出力幅：710**］［**出力高
さ：2120**］に設定し、画面全体を覆います❻。

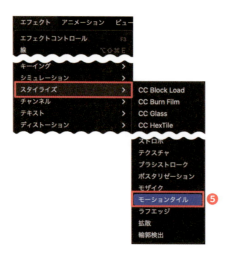

036 タイル素材の色を変更する

TEC035.mp4

前項で、タイル素材を並べるデザインを作りました。このようなデザインの元となる素材の色は、非常に重要な要素となります。ここでは、一括で色を変更する方法を見ていきましょう。

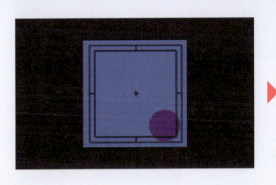
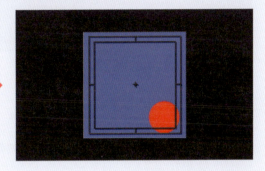

1 コンポジションの状態を確認する

練習用データ035のコンポジション「作例_色を整えながらタイル素材を作る」を開きましょう❶。

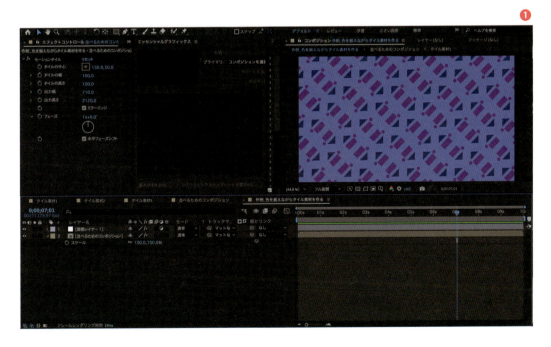

2   色を一括変更する方法

このコンポジションには調整レイヤーが1つあります❶。調整レイヤーを選択し、エフェクトコントロールパネルを開いてみましょう。

「ベースカラー」「アクセントカラー」「ワンポイント」と3つの種類があります❷。これらのカラーをクリックすることで、色の変更が容易に行えるのです。
実は、このエフェクトはもともと「カラー制御」という名前で［**エフェクト**］メニュー>［**エクスプレッション制御**］>［**カラー制御**］❸を実行して適用します。
「カラー制御」という名称は、各ユーザーの好みに応じて自由に変更できるのです❹。

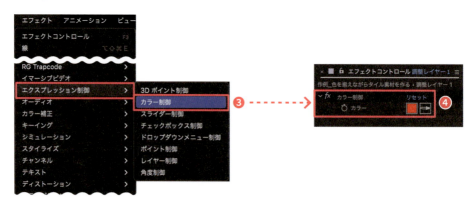

3   カラー制御を追加する

「カラー制御」をもう1つ追加してみましょう。［**エフェクト**］メニュー>［**エクスプレッション制御**］>［**カラー制御**］を実行すると、4つめの「カラー制御」エフェクトが追加されます❶。
エフェクトコントロールパネル内の「カラー制御」という名前をクリックして［Enter］キーを押し、「ワンポイント2」に名前を変更しておきましょう❷。

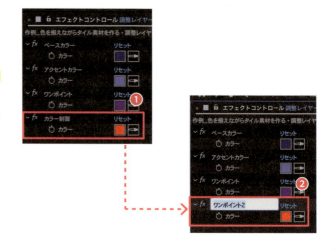

そもそもの疑問として、この「ワンポイント2」でどの色を変更するのでしょうか？　たとえば「タイル素材1」にあるボールの色❸を変更できるようにしてみましょう。

コンポジション「タイル素材1」を開いて「ボール」レイヤーを展開し、[**エフェクト**] > [**塗り**] > [**カラー**] を展開すると、この中にエクスプレッションの記述があります❹。

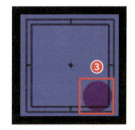

[comp("作例_色を揃えながらタイル素材を作る").layer("調整レイヤー 1").effect("ワンポイント")("カラー")]

この内容は、「『作例_色を揃えながらタイル素材を作る』コンポジションの『調整レイヤー』にある『ワンポイント』というエフェクト情報を持ってきなさい」という意味です。
したがって、記述内の「ワンポイント」を「ワンポイント2」に変えると、新たに追加したエフェクトで変更できることになります。

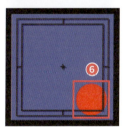

[comp("作例_色を揃えながらタイル素材を作る").layer("調整レイヤー 1").effect("ワンポイント2")("カラー")] ❺と入力すると、色が変更されていることがわかります❻。
なお、このエクスプレッションは、レイヤー名やコンポジション名から情報を入手しているため、名前を変えてしまうと動作しなくなるので注意しましょう。

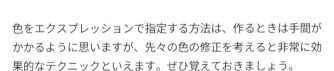

色をエクスプレッションで指定する方法は、作るときは手間がかかるように思いますが、先々の色の修正を考えると非常に効果的なテクニックといえます。ぜひ覚えておきましょう。

133

037 フレームをずらして登場させる手法

▶ TEC037.mp4

実際の現場で非常によく使うテクニックが一つあります。それは「レイヤーを階段状に並べる」テクニックです。3フレームずつずらして文字を登場させるようにアレンジを加えてみましょう。

1 コンポジションの状態を確認する

練習用データ037のコンポジション「ポップするアニメーション_作業前」を開いてください❶。

2 レイヤーを階段状に並べる

モーショングラフィックスでは、数フレーム分ずらしてシェイプや文字を登場させる表現がよく見られます。特に文字では、文字を読む順番に少しずらして登場させるテクニックは定番です。

文字を「出てくる順番」に選択する

この機能を使用する際、先にレイヤーを選択しておく必要があります。このとき、「どの順番でレイヤーを選択したか」が登場順に影響するため、ここでの「Bullet」の場合は、次のように選択します❶。

- [⌘]（[control]）を押しながら B, u, l, l, e, t の順番に選択する。
- [Shift] を押しながら最初に「B」をクリックし、次に「t」をクリックする。

上から下へ

3 シーケンスレイヤーを選択する

レイヤーが選択された状態で、[アニメーション] メニュー > [キーフレーム補助] > [シーケンスレイヤー]❶を実行します。

表示されるダイアログで [オーバーラップ] ボタン❷を押すと、デュレーションに数値が打ち込めるようになるので、ここに [00;00;09;27]❸と入力します。この数値は「9秒27フレーム分重なって登場する」という意味を持ちます。コンポジションとレイヤーの長さが10秒なので、3フレームずつずれて登場することになります。

この入力数値はコンポジションやレイヤーの長さ、フレームレートによって変わるため、常にそれらを把握しておく必要があります。これでOKボタンを押すと、レイヤーが階段状＝時間軸の流れに乗って順番に文字が出てくるようになりました❹。

> シーケンスレイヤーは「選択されたレイヤーが終了したら、次に選択されたレイヤーが登場する」といったように、段階上に表現するための機能ですが、ここを「順次レイヤーが登場するように」活用します。

038

じんわり動く草花アニメーション ❶
Illustratorでのレイヤー分割テクニック

▶ TEC038.mp4

あるモチーフをじんわり動かしてほしいという要望は多く寄せられます。ディストーション系のエフェクトで対応できるものもありますが、画面端が切れたりループが煩雑だったりと、そう簡単にはいきません。以降、数回に分けてじんわり動かすポイントをお伝えします。

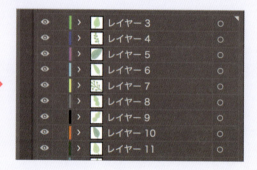

1 コンポジションの状態を確認する

この作例解説ではAdobeStockの素材「742358558」（草花）、「706321587」（質感表現）を使用しています。そのため、練習用データはありませんので、手順のみ参考にしてください。なお、AdobeStockを契約している方はダウンロードして解説手順を追ってみてください。解説で使用するコンポジションは❶の状態です。

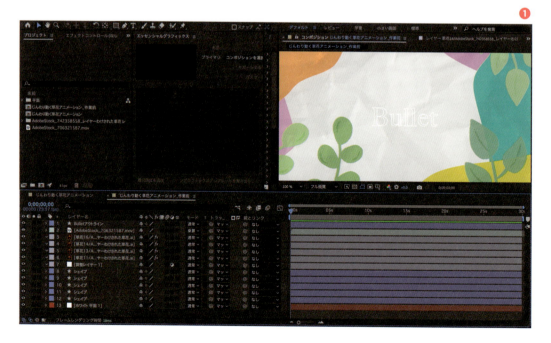

2 購入した（提供された）Illustrator素材をレイヤーに分割する

After Effectsは「レイヤーに分割されているものを個別に動かす」ことに特化したアプリケーションです。したがって、Illustratorの素材を使用するには、あらかじめ「レイヤー構成を整える」作業が必要です。

たとえば、クライアントから提供されたイラスト素材などは、After Effectsで使われることを想定して作られていません。Illustratorでどのような下準備が必要なのか、見ていきましょう。

サブレイヤーに分配（シーケンス）

Illustratorの［**レイヤー**］パネルの［**パネルメニュー**］❶を開くと［**サブレイヤーに分配（シーケンス）**］❷という項目があります。

たとえば❸のグループを選択してこのコマンドを実行すると、❹のように18のレイヤーに分配されます。

そして、分配されたレイヤーを上の階層にドラッグしてトップレイヤーにします❺。

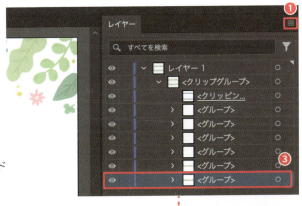

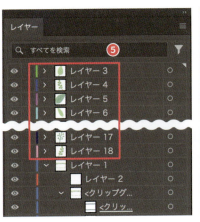

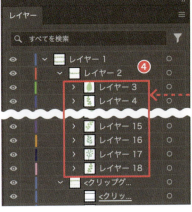

さらに、Illustrator上で不要なオブジェクトを削除したり、レイヤー名をわかりやすい名前に変更しておきます。このように、Illustratorであらかじめ整理整頓したデータをAfter Effetsで読み込むと、それぞれが別のレイヤーとして認識されているため、作業がしやすくなります。

レイヤー分けに関しては、Illustratorとの連携性を高めるプラグインとして「Overload」があります（https://flashbackj.com/product/overlord）。これを使用すると、Illustrator上のレイヤーがすべてシェイプレイヤーとして読み込まれ、それぞれに挙動をコントロールすることができます。Illustratorと連携する作業が多い方は、導入を検討するとよいでしょう。

137

039 じんわり動く草花アニメーション❷
草花を揺らすテクニック

▶ TEC038.mp4

前項に引き続き、「じんわり動く草花のアニメーション」を作成していきましょう。素材は異なっても、同様の草花の素材があれば同じ表現を行うことができます。

1 コンポジションの状態を確認する

この作例解説では練習用データはありませんので、手順のみ参考にしてください。❶のコンポジションに前項で作成した草花のイラスト❷を1つ配置し、揺らしていくことにします。

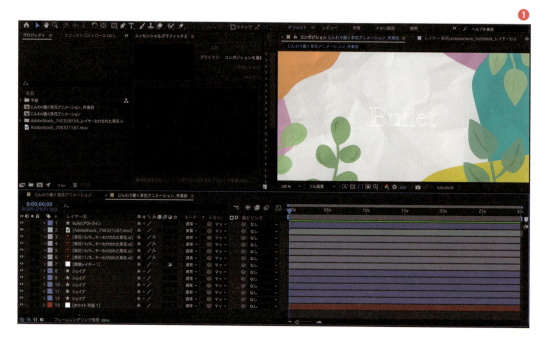

2　CC Bend it を使った草花の揺らぎ

自然な揺れを表現するために効果的なのは「CC Bend it」というエフェクトです。[**エフェクト**] メニュー > [**ディストーション**] > [**CC Bend it**] ❶を草花❷に適用します。

草花の揺らぎを確認しにくい場合は、他のレイヤーを非表示にする [**ソロスイッチ**] ❸を併用しましょう。

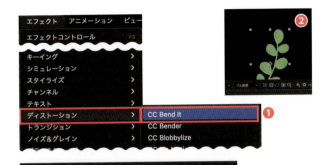

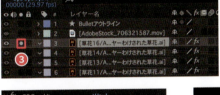

このエフェクトは、[**Start**] と [**End**] の2つの点を草花の頂点と根元にそれぞれ割り当て、[**Bend**] というプロパティを操作することで揺らぎを表現します❹。ただ、この「CC Bend it」にはひとつ難点があります。それは、レイヤーの枠を越えて揺らぐと、草花が「見切れてしまう」ということです❺。

範囲拡張エフェクトをかける

これを回避するためには、[**エフェクト**] メニュー > [**ユーティリティ**] > [**範囲拡張**] ❻を実行して「CC Bend it」の上に配置します❼。また、[**ピクセル**] の数値は [**100**] 前後の数値にして、「CC Bend it」で揺れても見切れが発生しないようにします❽。

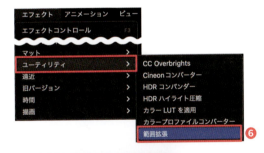

040 じんわり動く草花アニメーション ❸ ループの種類

▶ TEC038.mp4

前項に引き続き、「じんわり動く草花のアニメーション」を作成していきましょう。ここでは、ループの種類を切り替える手法を紹介します。

1 コンポジションの状態を確認する

この作例解説では練習用データはありませんので、手順のみ参考にしてください。ここでは、前項で触れた「CC Bend it」が適用されていることを前提にTipsを進めます❶。

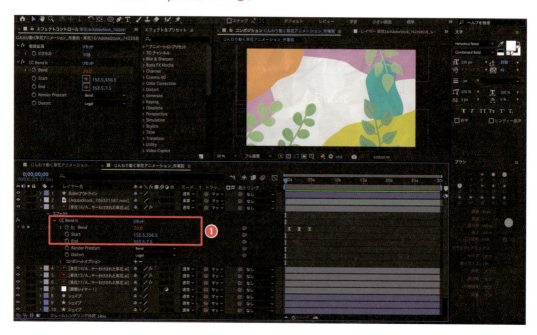

140

2 Loopを設定する

ここで用いるサンプルでは［**Bend**］のところに［**0:00f -2**］
［**1:00f 20**］❶とキーフレームを入力しています。

また、ループを加えるエクスプレッションとして［**loopOut()**］
❷と入力すると、その後20秒間同様の動きを続けることができ
ます。

しかし、このままではパラメータの数値が-2→20とな
った後、突然-2に戻るため、ぎこちない動きになりま
す❸。これを解決するためには、［**0:00f -2**］［**1:00
20**］［**2:00f -2**］とキーフレームを3つ入力します❹。
これで、左右に揺れるアクションを作ることができま
す。

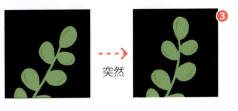

突然

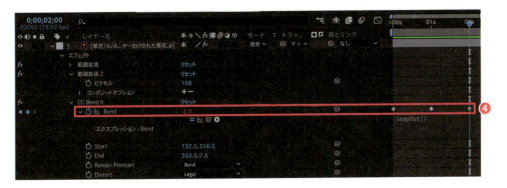

3 異なるエクスプレッションでのループ表現

エクスプレッションを変更することで、キーフレームが［0:00f-2］［1:00f 20］の2つのまま繰り返しのループを設定できます。ストップウォッチマークを option（ Alt ）キーを押した際に表示される［エクスプレッション言語メニュー］ボタン❶を押し、［Property］＞［loopOut(type = "cycle", numKeyframes = 0)］❷を選びます。

［loopOut(type = "cycle", numKeyframes = 0)］が入力されました❸。

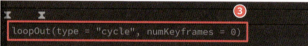

loopOutには、さまざまなタイプやキーフレームの発生タイミングをコントロールする機能を設定できます。ここで［type="cycle"］の部分を［type="pingpong"］❸に変更してみましょう。ループ時に、2点のキーフレーム間の数値を往復するような表現に切り替えることができます。

この設定で、2つのキーフレームでもスムーズにループをさせることができます❹。

このほか、［type="offset"］→数値情報が積み重なる、［type="continue"］→最後のキーフレームの動きを継続する、など、さまざまなループ用の記述が用意されています。

041 じんわり動く草花アニメーション ❹ テクスチャ表現と動画素材のループ

▶ TEC038.mp4

前項では、「じんわり動く草花のアニメーション」のキーフレームを使ったループ手法をお伝えしました。前項に引き続き、ここでは「動画素材をループさせる」手法を紹介します。

1 コンポジションの状態を確認する

この作例解説ではAdobeStockの素材「742358558」（草花）、「706321587」（質感表現）を使用しています。そのため、練習用データはありませんので、手順のみ参考にしてください。なお、Adobe Stockを契約している方はダウンロードして解説手順を追ってみてください。解説で使用するコンポジションは❶の状態です。

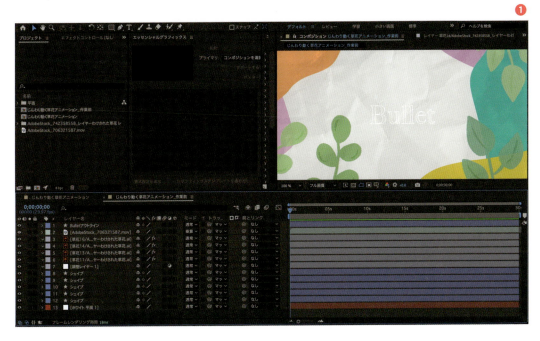

143

2 質感表現

モーショングラフィックスでは、平面レイヤーやシェイプなどで作成した素材は、基本的にノイズのない状態で配置されます。綺麗なのはよいことなのですが、現実世界でノイズがないものは不自然ですし、「綺麗な状態＝質感に手間をかけていない」と受け取られる場合もあるため、どのように質感を表現するかは大きなポイントとなります。

特にここでは草花というモチーフを使用しているため、より「現実世界」に近い自然な表現に近づける必要があります。

草花のイラストの上に❶を配置し、[**モード**] > [**乗算**] ❷、[**不透明度：40%**] ❸にして、うっすらと紙の質感が乗るようにします。

3 ループ表現とフレームレート

紙の折り目が変化する「AdobeStock_706321587.mov」という素材の長さは18秒で、コンポジション全体の30秒には足りません。また、動きが少し慌ただしく感じるため、若干フレームレートを落とした表現に変えます。

[**エフェクト**] メニュー > [**時間**] > [**ポスタリゼーション時間**] ❶を使用する方法もありますが、ここでは下記の方法を使用します。

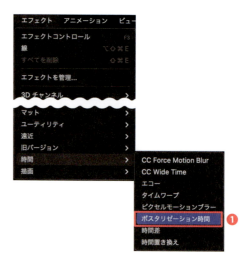

プロジェクトパネル内の「AdobeStock_706321587.mov」上で右クリックして表示されるメニューから＞［フッテージを変換］＞［メイン］❷を選択します。

表示されるダイアログで、［次のフレームレートに調整］に［12］と入力します❸。また、一番下にある［その他のオプション］で［ループ：2回］❹にし、18秒×2＝36秒と、全体の30秒より長く設定します❺。

これは、知らない方が意外と多いオプション機能です。この存在を知ってからは「どうしてこれまで動画素材を何個も使ってループさせていたんだ！」と叫びたくなることでしょう。

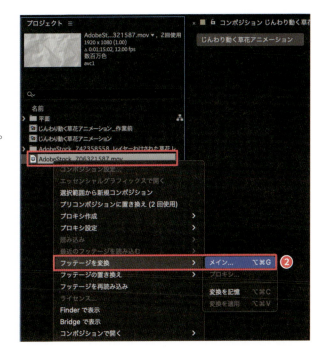

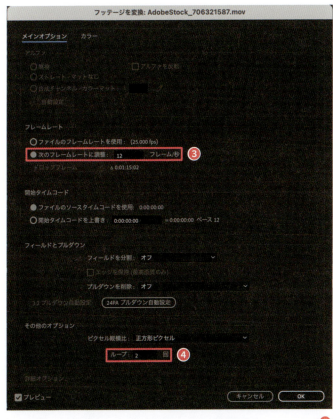

042

パララックス表現 ❶
パララックスを作るプラグイン

▶ TEC042.mp4

パララックス（parallax）とは日本語で「視差」という意味で、映像に立体感や奥行きを持たせることをパララックス表現といいます。ここでは、簡単にパララックス表現が作れるプラグインを紹介します。

1　コンポジションの状態を確認する

この作例解説ではAdobeStockの素材「697101773」をレイヤー整理して配置したものを使用しています。そのため、練習用データはありませんので、手順のみ参考にしてください。なお、Adobe Stockを契約している方はダウンロードして解説手順を追ってみてください。解説で使用するコンポジションは❶の状態です。

イラストの要素がレイヤー分けされています❷。レイヤーの整理方法は、Tips 38「じんわり動く草花アニメーション❶」（136ページ）を参照してください。

2 One Click Parallaxをインストールする

ボタンを押すだけで奥行きを作ってくれる無料スクリプトがあります。One Click Parallax（https://www.vdodna.com/blog/one-click-parallax-freescript/）です❶。上記WebサイトからOne Click Parallax.jsxbinをダウンロードし❷、ファイルを「Adobe After Effects 2024」フォルダ内の「ScriptUI Panels」❸に入れてAfterEffectsを再起動します。

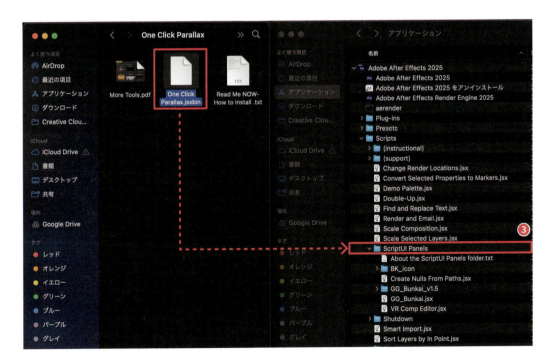

3 スクリプトを実行する

スクリプトをインストールすると、[**ウィンドウ**]メニューに[**One Click Parallax.jsxbin**]が表示されます❶。

[**One Click Parallax.jsxbin**]を選択すると、❷のシンプルなパネルが表示されます。[**Parallax Amount**]❸の数値は大きいほど奥行きが広がり、その下のキューブ型のボタン❹を押すだけでレイヤーをZ軸に分けて配列してくれます❺。

無償プラグインですが、十分に高機能なプラグインです。大事になってくるのは「元素材のレイヤー分け」なので、ここはしっかり行っておきましょう。

148

043 パララックス表現 ❷
パーティクルを加えて彩りを増す

▶ TEC042.mp4

前項と同じ素材を用いて、パーティクルを加えて彩りを増す方法を見ていきましょう。

1 コンポジションの状態を確認する

「パララックスする丘＿作業前」のコンポジションを開きます❶。前項で触れた「One Click Parallax」スクリプトを用いたレイヤー分けが完了している前提で解説しますが、レイヤー分けしなくてもパーティクルは機能します。

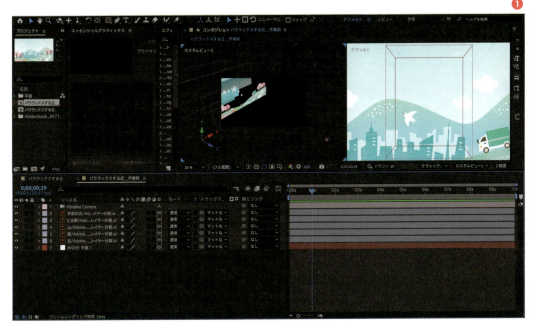

応用編　モーションデザイン複合テクニック

2 パーティクルを加える

平面レイヤーを追加する

コンポジションに平面レイヤーを1つ追加して❶、タイムラインの一番上に配置します❷。

CC Particle Worldを実行する

平面レイヤーを選択して［**エフェクト**］メニュー>［**シミュレーション**］>［**CC Particle World**］❸を実行します。

パーティクル関係のエフェクトは非常にプロパティが多く、慣れるまでは時間がかかりますが、ここではキーフレームを打たず、❹の数値を入力して桜吹雪の質感を加えてみます。

［**Birth Rate：1**］
［**Longevity：3**］
Producer
　［**Position X：-3**］
　［**Position Y：-1**］
　［**Positiion Z：5**］

［**Radius X**：5］
　　［**Radius Y**：5］
　　［**Radius Z**：10］
Physics
　　［**Animation**：**DirectionAxis**］
　　［**Gravity**：0.1］
Particle
　　［**Particle Type**：**Lens Convex**］
　　［**Size Variation**：100%］
　　［**Max Opacity**：100%］

上記以外のパラメータはデフォルトのままです。これで、❺のように大小さまざまな粒子を漂わせることができます。

3 レイヤーの色をピンク色にする

このままではホコリが舞っているようにも見えてしまうので、平面レイヤーの色をピンク色にしましょう。
平面レイヤーを選択して［**レイヤー**］メニュー>［**平面設定**］❶を実行します。表示されるダイアログで名前を［**桜吹雪**］❷、カラーを［**FCD5FF**］❸のピンク色に変更します。

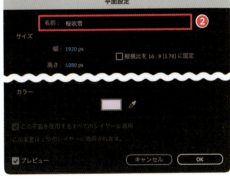

応用編　モーションデザイン複合テクニック

6

151

044 音と連動して動くスピーカー ❶
オーディオ振幅

▶ TEC044.mp4

音とグラフィックの連動性はAfter Effectsの機能のなかでも非常に重要なポイントです。ここでは、音とグラフィックの連動を簡単に作る方法をご紹介します。

1 コンポジションの状態を確認する

練習用データ044のコンポジション「音と連動して動くスピーカー_作業前」を開いてください❶。このコンポジションは、右の5つのレイヤーで構成されています。音とウーファーの振動を連動させてみましょう。

・右のウーファー
・左のウーファー
・スピーカー本体
・背景
・音楽

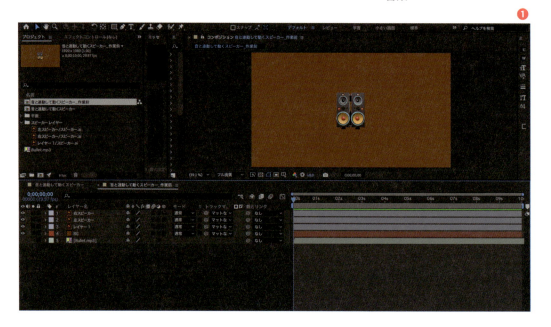

152

2 音量情報をキーフレーム情報に変換する

After Effectsでは、「明度情報を色彩に変化させる」「明度情報を奥行（デプス）に変化させる」など、ある情報を別の情報に変換して使うケースが非常に多く見られます。また、その変換機能も多岐にわたっています。ここでは、音量を数値情報に変換し、キーフレームにして別レイヤーに割り当てる方法を見ていきます。

音源データ「Bullet.mp3」の上で右クリックをし、[**キーフレーム補助**] > [**オーディオをキーフレームに変換**] ❶ をクリックします。

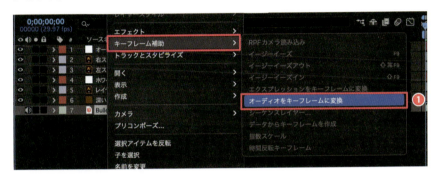

タイムライン上に「オーディオ振幅」❷という名前のヌルオブジェクトが生成されます。展開すると「左チャンネル」「右チャンネル」「両方のチャンネル」があり、毎フレームにキーフレームが打たれていることがわかります❸。
これは、各フレーム（ここでは1/30秒ごと）の音量情報を数値としてキーフレームに変換した状態になっていることを意味します。

153

| 3 | 音量情報をスピーカーの振動に割り当てる |

スピーカーの振動を音量情報と連動させます。[**右スピーカー**]レイヤーの[**スケール**]を表示させ、[**ピックウィップ**]❶で[**オーディオ振幅**]レイヤーの[**両方のチャンネル**]>[**スライダー**]❷に紐付けます（左スピーカーレイヤーも同様）。

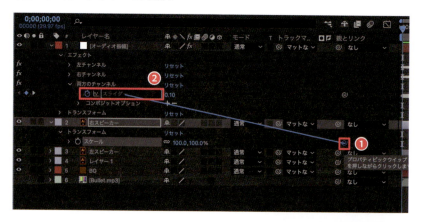

これで、音量情報がスピーカーの振幅に割り当てられました。ただし、これだけだと音量の数値が小さすぎて、スピーカーの大きさが不自然です❸。

ここで、各スピーカーレイヤーのスケールに書かれているエクスプレッションを確認してみましょう。**temp = thisComp.layer("オーディオ振幅").effect("両方のチャンネル")("スライダー");[temp, temp]** と書かれています❹。

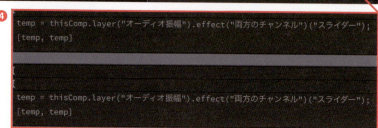

この記述を temp = thisComp.layer("オーディオ振幅").effect("両方のチャンネル")("スライダー")*3+100;[temp, temp] と「*3+100」を追加します❺。「*3」は振幅幅を3倍に、「+100」は最低音量状態（音量0）のときに元の大きさ（100）にするという意味です。

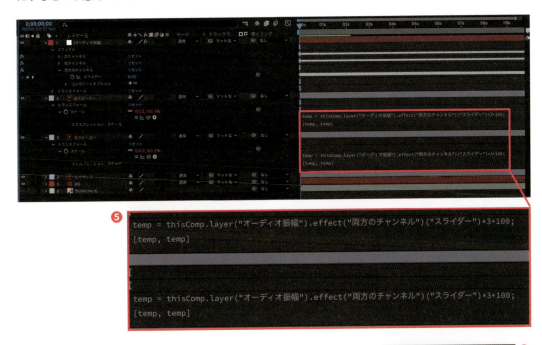

❺
```
temp = thisComp.layer("オーディオ振幅").effect("両方のチャンネル")("スライダー")*3+100;
[temp, temp]
```

この操作で、スピーカーの表示は❻のようになります。

❻

応用編　モーションデザイン複合テクニック

6

155

045 音と連動して動くスピーカー ❷ オーディオスペクトラム

▶ TEC044.mp4

音とグラフィックの連動性はAfter Effectsの中でも非常に重要なポイントです。ここでは、前項に続いて音とグラフィックの連動を簡単に作る方法をご紹介します。

1 コンポジションの状態を確認する

練習用データ044のコンポジション「音と連動して動くスピーカー_作業前」を開きます❶。前項で紹介したスピーカーの動きをオーディオに連携させた前提で話は進めますが、この操作が終わっていなくてもかまいません。

❶

156

2 オーディオスペクトラムで音量情報を視覚情報に変換する

前項では音量情報をキーフレームに変換してグラフィックを制御しました。ここでは、「オーディオスペクトラム」を紹介します。[**平面**]レイヤーを新規作成します❶。名前を「ビジュアライザー」❷としておきましょう。

平面レイヤーに、[**エフェクト**]メニュー>[**描画**]>[**オーディオスペクトラム**]❸を実行します。

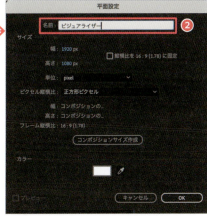

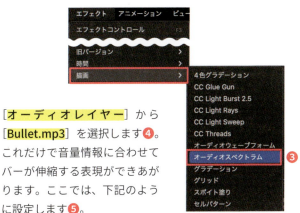

[**オーディオレイヤー**]から[**Bullet.mp3**]を選択します❹。これだけで音量情報に合わせてバーが伸縮する表現ができあがります。ここでは、下記のように設定します❺。

[最大高さ：1000]
[太さ：15]
[内側のカラー：白]
[外側のカラー：白]

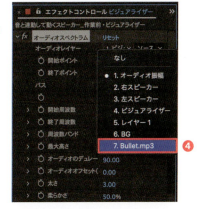

3 スペクトラムを円形にする

このスペクトラムを円形にしてみましょう。まず、円形のマスクを描きます。
[**ビジュアライザー**]レイヤーを選択して、Shift キーを押しながらツールバー上の[**楕円形ツール**]❶をダブルクリックすると、正円が描かれます❷。

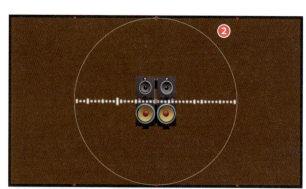

[**オーディオスペクトラム**] > [**パス**]から[**マスク1**]❸を選択します。これでスペクトラムが円形になりました❹。

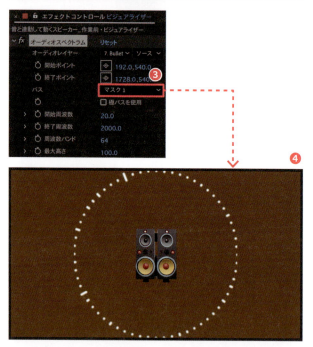

この円形マスクは、スケールでサイズ変更も可能です❺。

158

046 フライングオーブ ❶
背景の質感を整える

▶ TEC046.mp4

素材がない状態から細かい表現も含めて1つの作品を作ります。質感表現、動き（イージングのコントロール）、ヌルを使った調整、物理法則にしたがったバウンスなどの活用例を8回に分けて解説していきます。

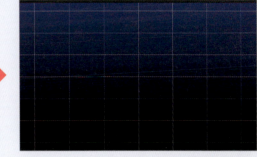

1 コンポジションの状態を確認する

練習用データ046を開きます。まずは完成形のコンポジション「フライングオーブ」を開いてみましょう❶。

このデータで、あらかじめ動きを確認しておきます。動きの確認が終わったら、データを閉じてください。

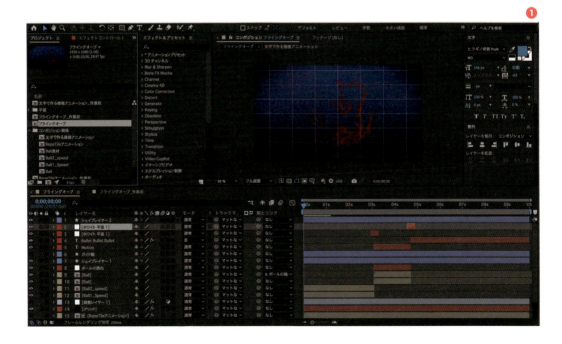

❶

応用編　モーションデザイン複合テクニック

練習用データ046のコンポジション「フライングオーブ_作業前」を開きましょう❷。ボールの軌跡を描くための「ガイド線」レイヤーが1つ入っているだけです。それでは、背景から順番に作っていきましょう。

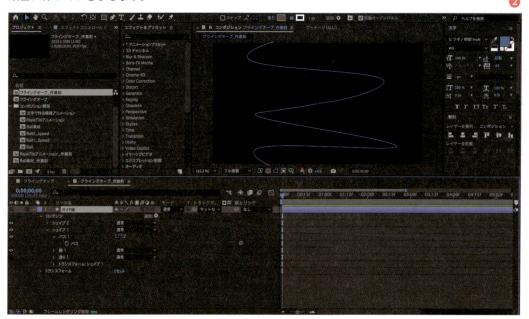

2 質感を考えながら背景を作る

宇宙空間を漂うボールをイメージして表現を作ります。以下のポイントに留意して進めます。
- フラットな色味にしない
- 明度の低い青味をベースに、補色にあたるオレンジを主たるオブジェクトの色味にする
- 画面の中心に向かって奥行きを感じさせる表現にする
- 宇宙を表現する星雲的なオブジェクトを配置する
- 空気感のあるノイズを加える

フラットではない空間を作る

平面レイヤーを新規作成し❶、名前を「BG」とします（バックグラウンドの意）❷。

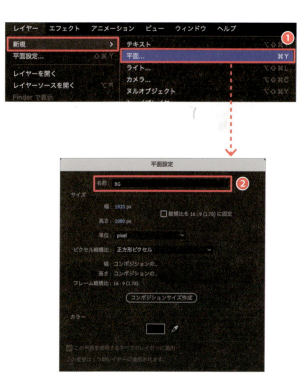

次に、フラットな表現を避けるため［**エフェクト**］メニュー>［**描画**］>［**グラデーション**］❸を実行し、［**開始色：深い青**］［**終了色：黒**］❹に設定します。

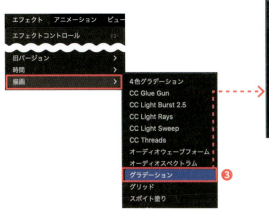
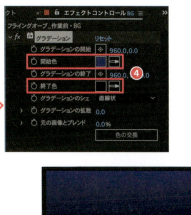

これでグラデーションの基本ができました❺。さらに、中央に向かって深淵を表現するために［**エフェクト**］メニュー>［**カラー補正**］>［**Lumetri カラー**］❻を実行し、［**ビネット**］>［**適用量：-5**］❼に設定します。

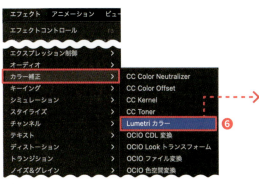
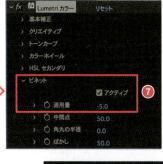

周辺が暗くなり、より中心に向かって表現幅ができあがりました❽。

このレイヤーを複製して❾、グラデーションの色を［**開始色：暗めの赤**］［**終了色：さらに暗めの赤**］❿にします。

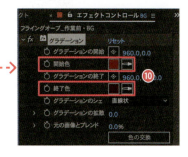

このレイヤーは後ほどマットとして使用します。いったん非表示にしておきましょう⓫。

ノイズを加える

ここに、空気感があるノイズを加えていきましょう。調整レイヤーを新規作成し❶、［**エフェクト**］メニュー>［**ノイズ＆グレイン**］>［**グレイン（追加）**］❷を実行します。

パラメータは下記のとおりです❸。
［**表示モード：最終出力**］［**密度：0.5**］［**サイズ：0.5**］
［**柔らかさ：0.5**］［**縦横比：0.5**］
なるべく細かい粒状感を出すためにこのようなノイズを入れました。ノイズ関係はレンダリング（描画）に時間がかかるため、以降は非表示にして作業を進めます。

> ノイズやグレインは質感表現に重要なエフェクトです。非常に高価ですが、
> ・RG MagicBullet
> ・RG Universe
> といったノイズエフェクトのプラグインを活用することも多いです。

グリッド線を加える

画面にタイトさを出すために、グリッド線を加えます。平面レイヤーを新規作成し、名前を「グリッド」にします❹。［**エフェクト**］メニュー>［**描画**］>［**グリッド**］❺を実行し、［**コーナー：700,700**］［**ボーダー：2**］❻に設定して、細いラインを描いておきましょう。
これでベースとなる空間は完成です。

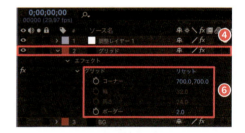

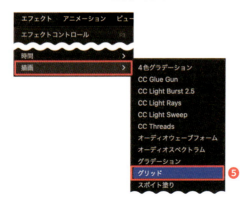

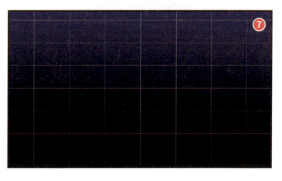

047 フライングオーブ❷
幾何学模様のボールを作る

▶ TEC046.mp4

前項では質感にこだわった背景を作成しました。ここでは、その背景の上を飛んでいくボールを作ってみましょう。まずは幾何学上のボール素材を作成します。

1 コンポジションの状態を確認する

練習用データ046のコンポジション「Ball素材_作業前」を開きます❶。平面レイヤーが1つ配置されています。

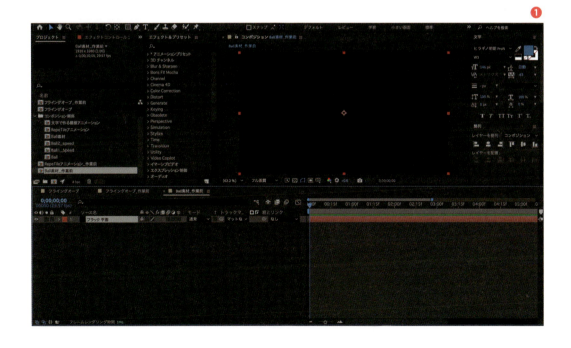

2 ボールの模様を作る

4色グラデーション

神秘的な幾何学模様を表現してみましょう。ここでは「宇宙」をテーマにして、ベースカラーを青にして、ブラウン～オレンジをトーンとして設定していきます。平面レイヤーを選択して[**エフェクト**]メニュー>[**描画**]>[**4色グラデーション**]❶を実行します。

[**ポイント1**]と[**ポイント4**]について、[**0:00f 元の位置**]❷、

[**5:00f ポイント1とポイント4の場所を入れ替え（大まかでOK）**]❸、[**10:00f 元の位置をコピー＆ペースト**]❹と配置を入れ替え、イージーイーズをかけます❺。

164

ポスタリゼーション

続いてこの平面に［**エフェクト**］メニュー >［**スタイライズ**］>［**ポスタリゼーション**］❻を実行し、［**レベル：5**］❼と設定します。これは、グラデーションの階調を5段階にすることを意味します。

続いて、［**エフェクト**］メニュー >［**カラー補正**］>［**色被り補正**］❽を実行して、［**ブラックをマップ：明るく彩度の高い黄色**］［**ホワイトをマップ：暗めの茶色**］❾に設定します。

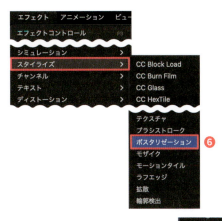

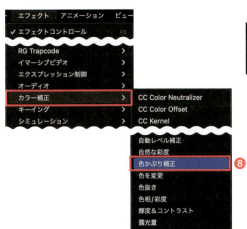

これで、4色グラデーションのカラーが色調統一されました❿。

> 「カラー補正」エフェクトにはさまざま種類があります。たとえば「Lumetriカラー」「レベル（個々の制御）」「コロラマ」「カラーカーブ」「色被り補正」「CC Tonar」「色相 / 彩度」……など。これらは「色調を整える」ために活用されるエフェクトです。

3 境界線を作る

グラデーションを作ったレイヤーに境界線を加えます。まずは、平面レイヤーをコピー＆ペーストして、2つにします❶。

複製したレイヤーに［**エフェクト**］メニュー >［**スタイライズ**］>［**輪郭検出**］❷を実行します。

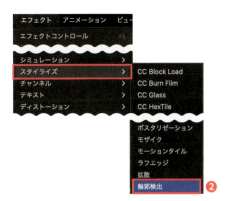

この操作で、色の境目情報だけが摘出されます❸。これを下のレイヤーと合成するために、描画モードを「乗算」❹にします。これで、下のグラデーションと上の輪郭線が合成されます❺。

4 ボールにする

「Ball」という名前のコンポジションを［**縦横：200px**］で作成します❶。このコンポジションに「Ball素材_素材前」を入れてレイヤーとして確認してみましょう。当然、サイズが異なりますから画面からはみ出てしまいます❷。

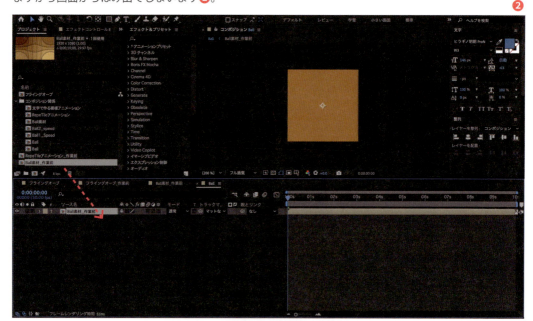

この「Ball素材」レイヤーに、［**エフェクト**］メニュー>［**遠近**］>［**CC Sphere**］❸を実行します。

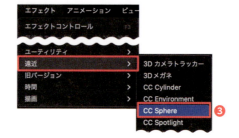

166

グラデーションの模様が球体になりますが、画面からはみ出していて全体が見えません。ここで［**Radius：89**］❹として画面内に収まるようにします❺。

次に、なるべくフラットなボール表現にしたいため、次のように設定します❻。
［**Shading**］＞［**Ambient：100**］
［**Duffuse：50**］［**Specular：0**］
この設定でボールは❼のようになります。

そして、［**エフェクト**］メニュー＞［**スタイライズ**］＞［**グロー**］❽を追加して、［**グロー強度：2**］［**グロー操作：通常**］❾に設定します。外側に出てくる光彩のみ生かしたいため、なるべく内側に光が漏れず、外側に光彩が若干表現されていればベストです❿。

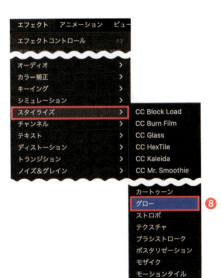
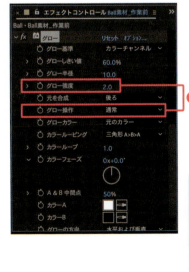
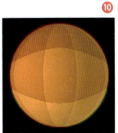

167

048
フライングオーブ ❸
ボールを空間に曲線を描いて飛ばす

▶ TEC046.mp4

前項で作ったボールを空中に飛ばしてみましょう。また、ここではボールの飛ぶ軌道のカーブを編集するベジェ曲線の操作方法についても触れていきたいと思います。

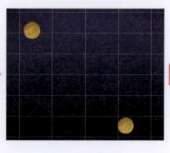
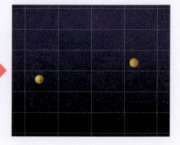

1　コンポジションの状態を確認する

前項のTipsが作成されている前提で「フライングオーブ_作業前」と「Ball」を開いてください。それぞれ、グラデーションのかかった空間❶と200pxサイズのボール❷ができあがっていると思います。

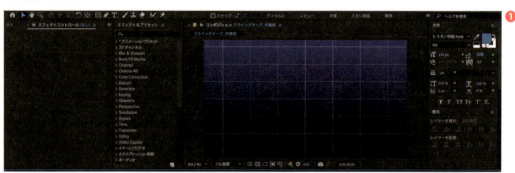

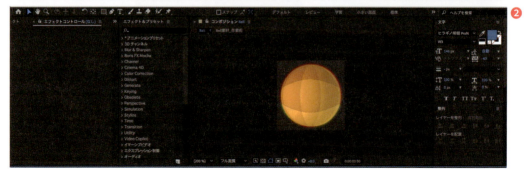

2 ボールの動きを作る

「フライングオーブ_作業前」コンポジションに「Ball」コンポジションを、コピー&ペーストして2つ配置します❶。

続いて「ガイド線」レイヤーを展開し、[**コンテンツ**]>[**シェイプ1**]>[**パス1**]>[**パス**]❷と[**コンテンツ**]>[**シェイプ2**]>[**パス2**]>[**パス**]❸の両方の情報を確認してみましょう。

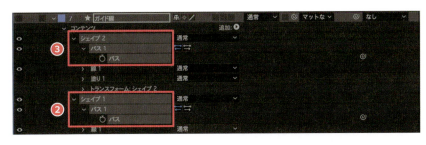

コンポジションパネル下の「マスクとシェイプのパスを表示」ボタン❹を押すと青色でラインが描かれていることがわかると思います❺。

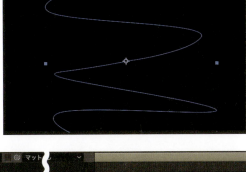

[**コンテンツ**]>[**シェイプ1**]>[**パス1**]>[**パス**]❷をコピーして、Ballレイヤーの[**位置**]❻にペーストします。
パス情報が位置情報として、ボールの挙動にペーストされます❼。

同様に、[**コンテンツ**]＞[**シェイプ2**]＞[**パス2>**][**パス**]❽
をもう1つのBallレイヤー❾にコピー＆ペーストします❿。

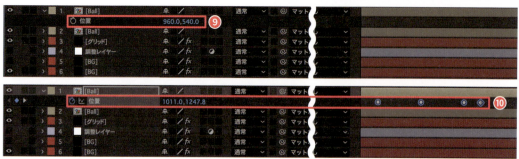

3　時間ローピングについて

始点と終点のキーフレームの位置を変更すれば、自動的に「何秒間でスタート地点からゴール地点に向かうか」が決まります。ここでは、0秒目から3秒目でボールが動くように、キーフレームの位置を0:00fと3:00fに移動しておきましょう❶。

このとき、タイムライン上、キーフレームの間に複数の小さな丸が配置されています❷。
これは「時間ローピング」といい、After Effectsで自動的に「このあたりにキーフレームを打つとわかりやすいだろう」と自動補間してくれる機能です。小さいキーフレーム上で右クリックを押すと「時間ローピング」と言う項目にチェックが入っています。この小さな丸のキーフレームを場所移動すると、通常のキーフレームになり、調整も可能です。

170

この時間ロービングの便利なところは、イージングをかけた際に、ロービング状態のキーフレーム部分では、いわゆる「ぎこちない動き（いったん停止したり不自然に遅くなったりなど）」にならないスムーズな動きになるよう設定されるため、あまり細かく設定しないで進めたいときには有効な機能です。

最後に、ボールが遠くに遠ざかっていく演出とするため、スケールプロパティを［0:00f 100%］［3:00f 30%］とします❸。

4　ボールの軌跡を自由に描くには

ここではガイド線を元にパスをコピー＆ペーストして使いましたが、ボールの軌跡を自由に描くには以下のように行います。ボールの位置プロパティを表示してインジケーター0秒目でキーフレームを打ち、ボールを開始したい位置にコンポジションパネル内でドラッグして移動する。
たとえばインジケーター1秒目でキーフレームを打ち、コンポジションパネル内でボールをドラッグして移動する……と、繰り返してボールの動きを作ります❶。

ただ、この方法では、各自の環境設定にもよりますが、ボールの軌跡が直線的になってしまいがちです❷。

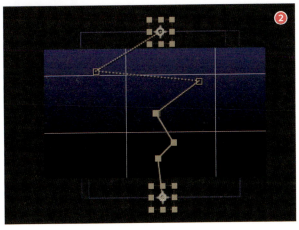

緩やかなカーブを描くには［**ツール**］バー＞［**ペン**］ツール❸で、［option］（［Alt］）キーを押しながらアンカーポイント❺をドラッグするか、［**頂点を切り替え**］ツール❹でアンカーポイント❺をドラッグすることで曲線にすることができます❻。ベジェ曲線の操作はパスアニメーションを作るうえで必須の要素です。思い通りの曲線を描けるように練習しましょう。

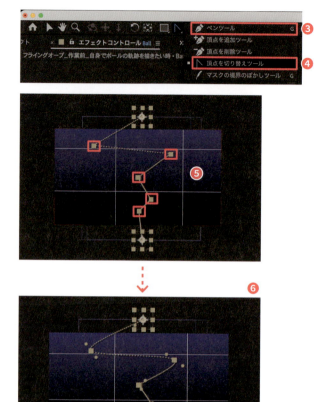

また、タイムラインのキーフレーム上で右クリックして［**キーフレーム補間法**］❼を実行し、表示されるダイアログの［**空間補間法**］で［**ベジェ／連続ベジェ／自動ベジェ**］❽にすると直線から曲線に切り替わります。逆に、直線にしたいときは［**リニア**］❾を選択します。

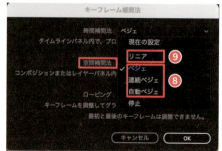

049 フライングオーブ ❹ ボールの加減速をコントロールする

▶ TEC046.mp4

前項ではボールを空中に飛ばしました。ここでは、より物理法則に忠実にカーブの手前で減速しカーブを越えたら加速する、といった動きをつける方法を見ていきます。

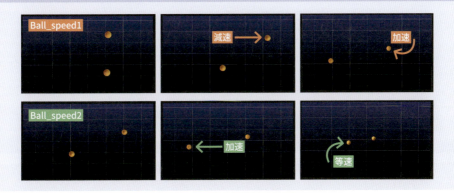

1 コンポジションの状態を確認する

前項のTipsが作成されている前提で「フライングオーブ_作業前」を開きます。グラデーションがかかった空間に、2つのボールが飛んでいくアニメーションができあがっています❶。

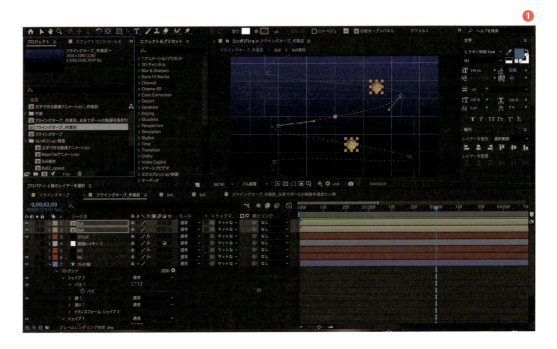

2 ボールの動きに加減速をつける

ボールの動きに加減速をつけるにあたっては、「値グラフと速度グラフ」（22ページ）で触れたように、値グラフはX軸とY軸をバラバラにする必要がある❶（空間をXY共有してコントロールするのが難しい）、速度グラフは3つ以上のキーフレームがある状態でのコントロールが難しい❷という特徴があります。

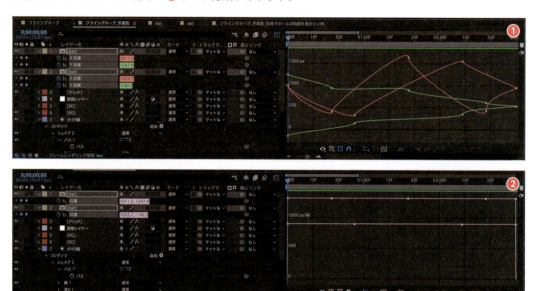

そこで、ここではタイムリマップを使って加減速をコントロールする方法をご紹介します。まずは、そのための準備を行いましょう。

「Ball」を3秒目で終了（ option ／ Alt ）
＋ J ボタン）します❸。続いて、「Ball」
上で右クリックして［**プリコンポーズ**］
を選択し、新規コンポジション名「Ball1_
speed」❺とし、ラジオボタンを「すべ
ての属性を新規コンポジションに移動」
を選択します。また、「選択したレイヤー
の長さに合わせてコンポジションのデュ
レーションを調整する」にチェックを入
れます❻。

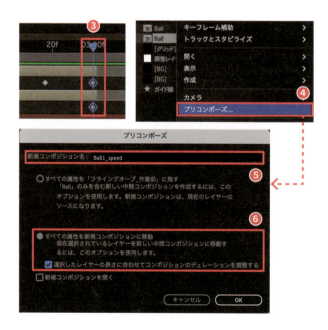

この作業を、2つの「Ball」レイヤーそれぞれに行い、「Ball_speed1」「Ball_speed2」の2つのコンポジションを作成します❼。

3 タイムリマップを使って加減速をコントロールする

「Ball_speed1」レイヤーを選択し、右クリックから［時間］＞［**タイムリマップ使用可能**］❶を選択します。
タイムリマップとは、時間軸内で加減速をコントロール（時間の伸縮をコントロール）できる機能です。これを用いて、カーブに入るところ（この作例だと「Ball_speed1」で0:26f, 1:26fあたり）にキーフレームを打って、イージーイーズをかけてみましょう❷。

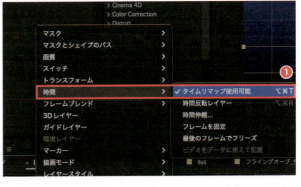

これだけで、カーブに入るところで減速、カーブを出るところで加速といったコントロールが可能です。より加減速を強めたければ、グラフエディタの値グラフでコントロールすることも可能です❸❹。
このような手法で、簡単に空間位置座標の加減速もコントロールできます。

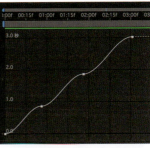

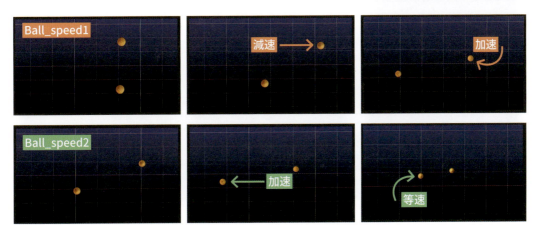

050 フライングオーブ ❺
ボールの加減速に物理的なバウンスを入れる

▶ TEC046.mp4

前項では、空中を飛ぶボールに加減速を加えました。こうした加減速だけでなく、物体にぶつかって飛び跳ねるバウンスアクションが必要な場合もあります。ここではそのバウンスの表現方法を見ていきます。

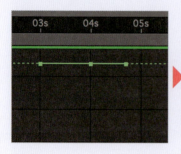  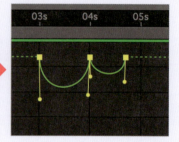

1 コンポジションの状態を確認する

前回のTipsが作成されている前提で「フライングオーブ_作業前」を開いてください。グラデーションがかかった空間の中に、2つのボールが加減速して飛んでいくアニメーションができあがっていると思います❶。

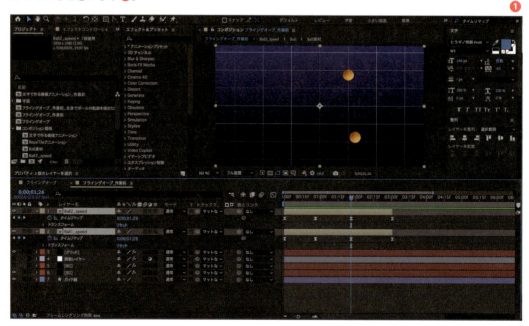

❶

ここに、再度「Ball」コンポジションを3秒目から配置して、4:21f で終了するようにカットしておきましょう❷。また、[**スケール**]を[**3:00f 30%**][**4:21f 10%**]❸と設定して少しずつ小さくなってバウンスする表現を作ります。

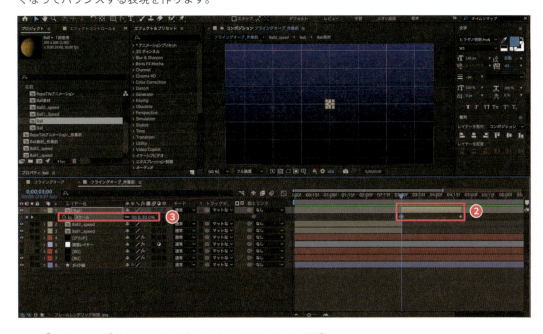

この「Ball」コンポジションをコピー＆ペーストして、2つ用意しておきましょう❹。

2 ボールがバウンスする動きをつける

ボールがバウンスする動きをつけます。「Ball」の[**位置**]プロパティを右クリックしたら、[**次元に分割**]❶を実行します。これは、値グラフを見ながらバウンスする動きを作るための操作です。

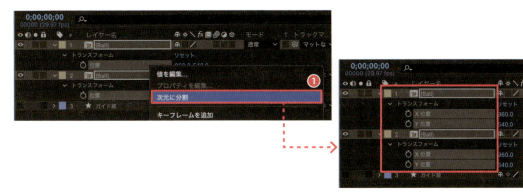

次に、特に数値は変更せずに、4:00fにキーフレームを打ちましょう。そして、この3つを選択して「イージーイーズ」をかけます❷。このイージーイーズを忘れると、この先が機能しなくなるのでご注意ください。

次に、「Y位置」を選択した状態で「グラフエディター」❸を表示します。タイムライン下の「グラフの種類とオプションを選択」❹から［値グラフを編集］❺を選択しておきましょう。この状態では、Y位置もずっと一定のフラットな状態になっていると思います。

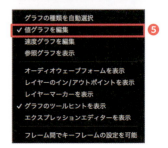

ここで、3:00fのキーフレームを囲むように「範囲選択」してみましょう❻。キーフレームにパスハンドルが登場するので❼、このパスハンドルを下方向に移動します❽。その後に次のキーフレームでも同様にパスハンドルを編集します。

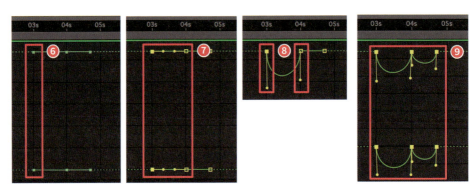

グラフ上でバウンスする動きができあがったら再生して表示してみましょう。上下は逆になりますが、バウンスする動きができ上がっています❿。

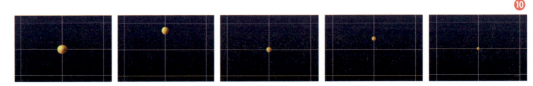

178

3 ボールの跳ねる方向をずらす

跳ねるボールが2つ作成されています。このうち1つの跳ねる方向を［**回転**］でコントロールしようとしても❶、ボール自体が回転するだけで、跳ねる方向は変化しません❷。
こうした場合はヌルでコントロールします。［**レイヤー**］メニュー＞［**新規**］＞［**ヌルオブジェクト**］❸を実行し、名前を「ボールの跳ね」❹とします。
そして、片方の「Ball」の親ピックウィップを「ボールの跳ね」にひもづけ［**回転：120°**］を適用します❺。

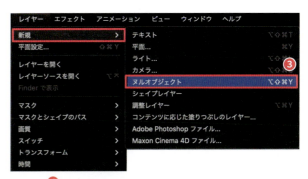
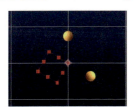

4 フラッシュを入れる

この作例では、ボールが跳ねた瞬間（3:00fと4:20f）にフラッシュを入れています。まずは白い平面レイヤーを2つ作成します❶。

10フレームでカットし、不透明度を［**0:00f 0%**］［**0:05f 100%**］［**0:10f 0%**］と5フレームで光るように設定します❷。

不透明度が100%になる場所を［**3:00f**］と［**4:20f**］に配置します❸。これは画面の切り替えの際によく使うテクニックです。

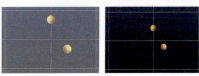

051 フライングオーブ ❻
星雲のような表現を文字から作る

▶ TEC046.mp4

前項までである程度、形ができあがったと思います。後は「あしらい」といわれる細かな飾りをつけていきます。ここでは、星雲のような模様を「文字から」作っていきましょう。

1 コンポジションの状態を確認する

「文字で作る模様アニメーション_作業前」を開いてください。
「AfterEffectsBullet」という文字がシェイプレイヤー化して配置されています❶。

180

2 文字を模様として星雲化する

リピーターで量を増やす

この文字をテクスチャ素材として活用してみましょう。まずは、量を増やしたいため、「After EffectsBullet アウトライン」レイヤーを展開して、［コンテンツ］＞［追加］❶をクリックして［リピーター］❷を実行します。

そして［コピー数：20］［位置：40,40］［回転：0x30］❸として、文字が拡散して回転する表現を作ります。
ここにどんどん「歪ませ系」のエフェクトをかけていきます。

波形ワープ

［エフェクト］メニュー＞［ディストーション］＞［波形ワープ］❹を実行し、次のように設定し文字を歪ませます❺。
［波形の高さ：100］［波形の幅：100］

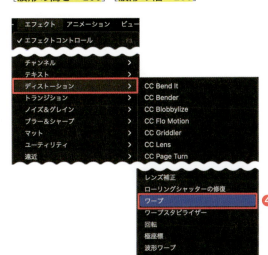

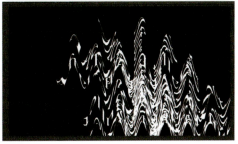

極座標

さらにここを「星雲」のイメージに近づけるように、中心から円形になることを考えながらさらに歪ませます。
[エフェクト] メニュー > [ディストーション] > [極座標] ❹ を実行し、[補間：100%] [変換の種類：長方形から極線へ] に設定します❺。
これである程度中心から円形の模様になります。

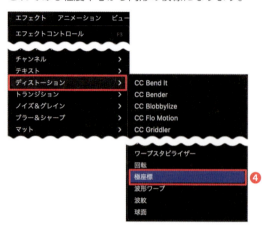

タービュレントディスプレイス

ここにさらに自然な歪みを加えていきます。[エフェクト] メニュー > [ディストーション] > [タービュレントディスプレイス] ❻ を実行し、[量：600] ❼ とします。

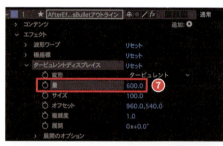

レンズ補正

まだまだ歪ませていきましょう。調整レイヤーを1つ追加します❽。

この調整レイヤーに［エフェクト］メニュー>［ディストーション］>［レンズ補正］❾を実行し、［視界：120］❿に設定してさらに歪みをかけていきます。

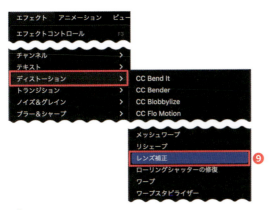

グロー

最後に光彩を与えるため［エフェクト］メニュー>［スタイライズ］>［グロー］⓫を実行します。数値はデフォルトのままです。

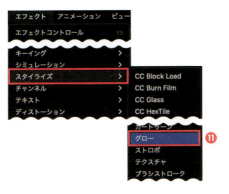

最後にこの「文字で作る模様アニメーション_作業前」⓬をコンポジション「フライングオーブ_作業前」の中にレイヤーとして配置してください⓭。

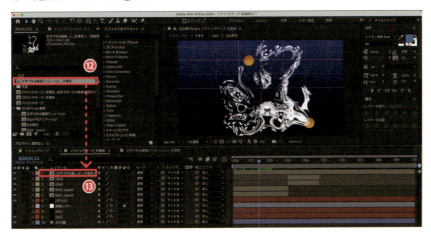

052 フライングオーブ ❼
ランダムなトラックマット素材を作る

▶ TEC046.mp4

フライングオーブの作例では、「スペーシーなノイズや自然な加減速の動きを加える」「ところどころブロックな表現を加える」を交互に行って奥深い表現を目指しています。ここでは「RepeTile」エフェクトとトラックマットでさらにワンアクション加えてみます。

1 コンポジションの状態を確認する

「RepeTileアニメーション_作業前」を開いてください❶。これは縦横100pxのコンポジションで、シェイプレイヤー（白色）が横から登場し、下に消えていく簡単なアニメーションが設定されています。

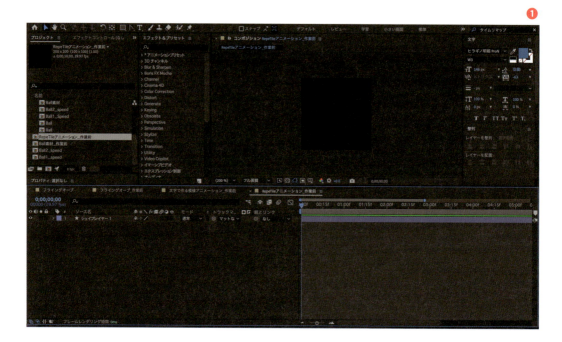

2 RepeTileアニメーションを作る

この「RepeTileアニメーション_作業前」❶を「フライングオーブ_作業前」コンポジション❷に入れます。

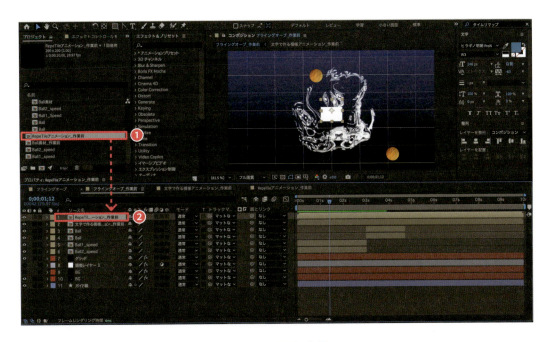

[エフェクト] メニュー > [スタイライズ] > [CC RepeTile] ❸ を実行し、[Expand Right 900] [Expand Left 900] [Expand Down 500] [Expand Up 500] と数値を大幅に大きくします❹。

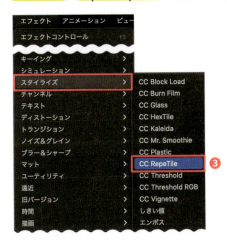

この状態で再生するとモーションタイルエフェクトを使用したときのように、画面上に同じ模様が配置されます❺。

このRepeTileエフェクトは、[Tiling：Random] ❻に設定すると、模様として面白い図形が生成されます。コンポジションを上下左右ランダムに配置することで、予期しない模様を作ることができるのです❼。

ただ、これを配置しただけだと、ただの「白いノイズ」にしかならないため、この模様を「トラックマット」として使います。下記の順番でトラックマットピックウィップを引っ張ります。

「BG（グラデーションを赤色にしたもの）」❽から以前のTipsで作った「文字で作る模様アニメーション_作業前」❾に

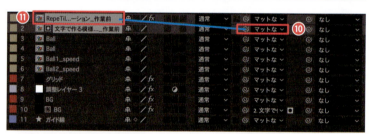

「文字で作る模様アニメーション」❿から「RepeTileアニメーション_作業前」⓫に

これで、星雲模様が赤く、かつブロックノイズのような表現になりました⓬。

ここではなるべくわかりやすく数値を10,100と整数単位で行っていますが、実際の作業に入ると何度も見直しつつ、小数点以下の数値で細かく調整することが多いです。

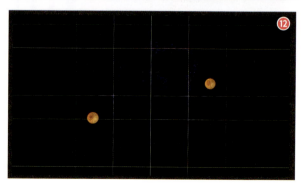

053 フライングオーブ ❽ 文字表現と差モードの活用方法

▶ TEC046.mp4

最後に、一連の作例に文字を入れていきます。これまでのTipsでも出てきた手法ですが、特にここでポイントになるのは「差」という描画モードの活用方法です。

1 コンポジションの状態を確認する

「フライングオーブ_作業前」を開いてください❶。「フライングオーブ」❶〜❼が作成されている前提でお話しします。

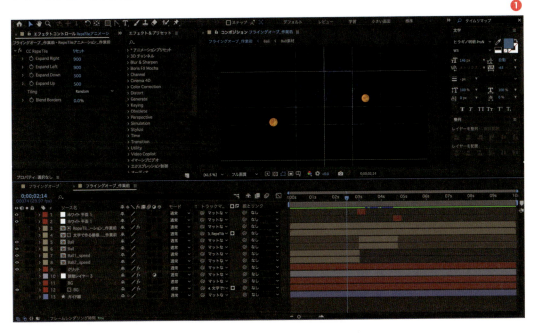

もしこのTipsだけ行う方は「フライングオーブ」コンポジション②を開き、上から4番目と5番目の文字レイヤー③を非表示にして使用してください。

2 文字「Motion」を入れる

テキスト「Motion」を「Helvetica Nenue Condenced Bold：235px」「塗り：なし」「線：白 1px」①で入力し中央に配置します②。同じフォントが使用できない場合は別のものを使いましょう。

［**開始位置 3:00f**］［**終了位置 4:20f**］（白いフラッシュが入る場所）に設定します③。

次に、テキストを展開し、［**アニメーター**］から［**歪曲**］④を選択して［**歪曲：15**］⑤と設定します。

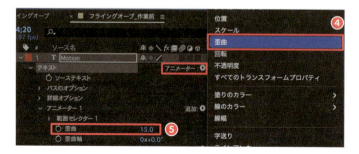

イタリックのように斜めになりました❻。

再び［**アニメーター**］から［**字送り**］❼
を選択します。トラッキングの量を
［**3:00f 0**］［**4:20f 80**］に設定し、イージーイーズをかけておきます❽。

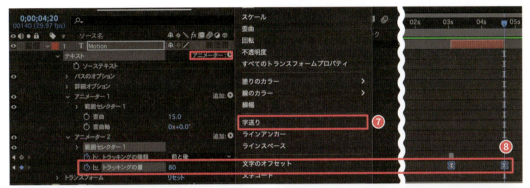

3 筒状文字を表現する

以前「3Dテキストサークル」というTips（69ページ）で筒状の
文字を表現しました。多少制約はありますが、より手軽な方法
で作成してみましょう。
まずは「Bullet Bullet Bullet」と3回入力します❶。［**線：なし**］
［**塗り：白**］に設定します❷。

この文字の開始位置を［**4:20f**］
に設定します❸。

この文字に対して［**エフェクト**］メニュー>［**遠近**］>［**CC Cylinder**］❹を実行します。

このエフェクトで筒状表現は簡単に作れます。ただし、文字幅や文字の形などに若干の歪みが生まれたり、3Dレイヤーとの併用が困難などさまざまな制約もあります。

［**CC Cylinder**］のプロパティで［**Radius：200**］［**Rotation X：6**］［**RotationZ：-20**］に設定し❺、［**RotationY**］にはキーフレームを［**4:00f 0x0**］［**10:00f 1x0**］と打って回転させます❻。

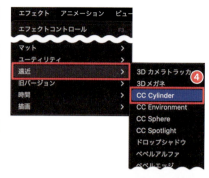

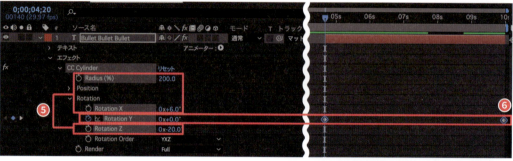

4　描画モードから「差」を選ぶ

文字は現在、真っ白で背景と馴染んでいません❶。どのような色にすればいいのか悩むときは、［**描画モード**］❷から［**差**］❸を選んでみてください。

「差」は、色相から反対色を描画するモードで、青色は黄色、赤色は青色と、文字の視認性を確保したまま、その状態になじむ色を表示します❹。特にタイトルモーションなどを作る際は「描画モードによる表現」を組み合わせることが多いのでぜひ覚えておきましょう。

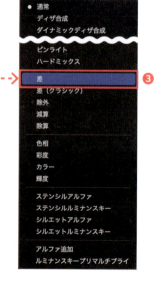

054 さまざまなアニメーション表現 ❶ 空間パス

▶ TEC054.mp4

ここからは4回にわたって、「FPSの少ない」キャラクターが切り替わるアニメーションを作りつつ、After Effectsの機能で「ヌルを数値的にコントロールする機能」「動くパターン背景を作る際に気をつけるポイント」なども併せてご紹介します。

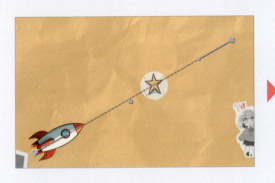
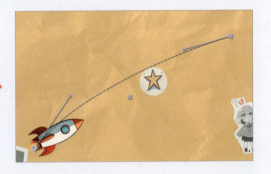

1 コンポジションの状態を確認する

練習用データ054のコンポジション「ロケット噴射_作業前」を開いてください❶。ここではさまざまな素材がすでに配置されています。画面中央にロケット、星が配置され、右下に女の子、左下には三角形のシェイプレイヤーが描かれています。ここでは、この三角形のレイヤーをロケットの軌道に揃えてみましょう。

2 ロケットの動きを曲線にする

ロケットには2秒間で右上に飛翔するキーフレームが打たれていますが、これを「曲線を描いて飛んでいく」ようにしてみましょう。曲線表現にはさまざまな方法がありますが、ここでは「空間補間法」を扱っていきます。

「ロケット.ai」の［位置］に打たれているキーフレームを2つ選択し❶、右クリックを押します。このメニューから［キーフレーム補間法］❷をクリックします。

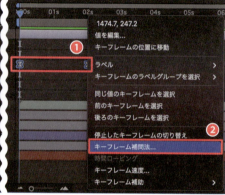

ダイアログには［時間補間法］［空間補間法］［ロービング］の3項目があり、それぞれプルダウンメニューから設定できるようになっています。ここの「時間補間法」がイージングに該当し、加減速の速度コントロールを扱うのに対して、「空間補間法」は空間上の曲線モーションに関するオプションです。ここでは手動で曲線モーションを扱っていくので［ベジェ］❸を選択します。

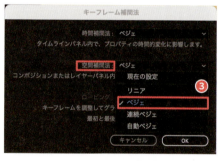

「ベジェ」を選んでOKを押し、再度キーフレームを2つ選択すると、コンポジションパネル内の軌跡に、パスハンドルが表示されます❹。このハンドルをドラッグすることで、曲線が描けます。ハンドルが表示されない場合は「マスクとシェイプのパスを表示」❺をオンにしてください。

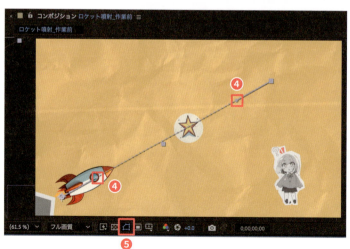

ハンドルをドラッグしてなだらかな山形のカーブを描いてみましょう❻。

このときに一つ問題点が出てきます。ロケットの軌跡は山なりになりましたが、ロケットの向きは常に同じ方向を指しており、軌道と一致していません❼。

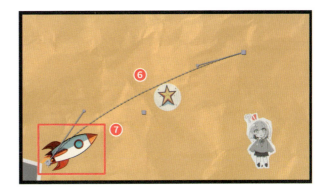

3 ロケットの向きを合わせる

ロケットのレイヤーを選択して［**レイヤー**］メニュー>［**トランスフォーム**］>［**自動方向**］❶をクリックします。

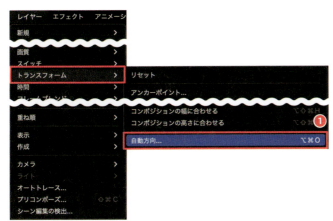

ダイアログのラジオボタンから［**パスに沿って方向を設定**］❷をクリックします。パスの曲線に沿ってロケットの方向が変わりました❸。

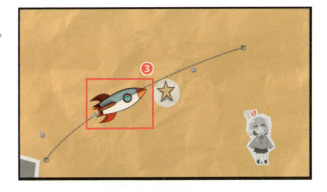

ただ、微妙に方向がずれている場合もあります。そのときはロケットレイヤーの［**トランスフォーム**］>［**回転**］で角度を調整することで整えていきます。完成形では100°傾けています❹。

055 さまざまなアニメーション表現 ❷
クリエイトヌルフロムパス

▶ TEC054.mp4

前項で作成したロケットの軌跡に、煙を追従させていきます。しかし、シェイプレイヤーのパスは基本的に数値情報を持っていません。このようなときにどうするかを見ていきましょう。

1 コンポジションの状態を確認する

「ロケット噴射_作業前」を開きます❶。前項の作業を行った前提で、ロケットが曲線に動く状態から進んでいきます。ただ、このTipsの作業自体はロケットが直線状に動くままでも進めることはできます。

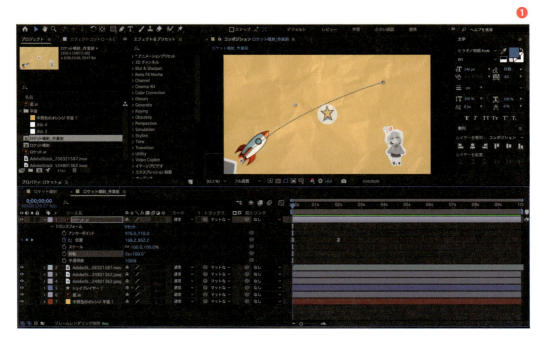

2 煙の動きをコントロールする

「シェイプレイヤー1」の煙をロケットの動きに追従させようと思います。シェイプレイヤーは、[**コンテンツ**]>[**シェイプ1**]>[**パス1**]>[**パス**] ❶で制御しますが、座標（数値情報）がないためにロケットを追従させる「ピックウィップ」も行えません。

こうしたときは、[**ウィンドウ**]メニュー>[**Create Nulls from Paths.jsx**] ❷を選択してパネルを表示してみましょう。

「ポイントはヌルに従う」「ヌルはポイントに従う」「パスをトレース」という3項目が出てきます❸。これらはすべて「パスポイントをヌルに置き換えてコントロールしやすくする」ための機能です。

ここでは、ヌルレイヤーでコントロールしたいので、シェイプレイヤー1のパスを選択した状態で[**ポイントはヌルに従う**] ❹をクリックします。

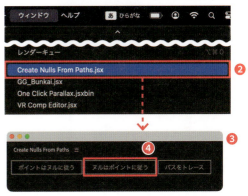

ペンツールで描かれた三角形❺のシェイプ情報に合わせて、3つのヌルが表示されました❻。

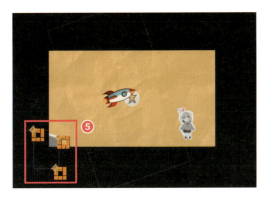

このヌルを位置プロパティでコントロールすることで、スムーズに形状変化を行うことができます。

3 煙をロケットに追従させる

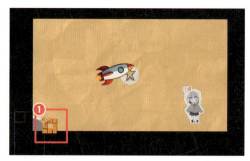

それでは、煙をロケットに追従させていきましょう。
最もロケットに近い部分のヌル❶を選択し、「ロケット」レイヤーに「親とリンク（ピックウィップ）」を行います❷。

これで、煙の1点がロケットのお尻に紐付き、三角形のシェイプがロケットに引っ張られてコントロールされる状態となりました❸。

4 煙に波を打たせる

「シェイプレイヤー1」を選択して[**エフェクト**]メニュー>[**ディストーション**]>[**波形ワープ**]❶を実行します。そして、下記のとおり設定します❷。
[**波形の高さ：-10**][**波形の幅：60**][**波形の速度：2**]
[**固定：すべてのエッジ**]
これで、煙がモクモクと表示されるようになります❸。この数値は、コンポジションを見ながら何度もスクラブして、「いい感じの表現」になるまで微調整を繰り返した後の数値です。

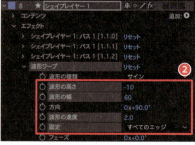

056

さまざまなアニメーション表現 ❸
パカパカアニメ

▶ TEC054.mp4

前項までにロケット部分を作りました。ここでは右下の女の子の動きをパカパカと約20フレームで切り替わるアニメーションにしていきます。

1 コンポジションの状態を確認する

「ロケット噴射_作業前」を開いてください❶。ここでは、前回までの作業を行った前提で進めていきますが、この Tips 自体は、「さまざまなアニメーション表現❶、❷」を作業しないままでも進行できます。

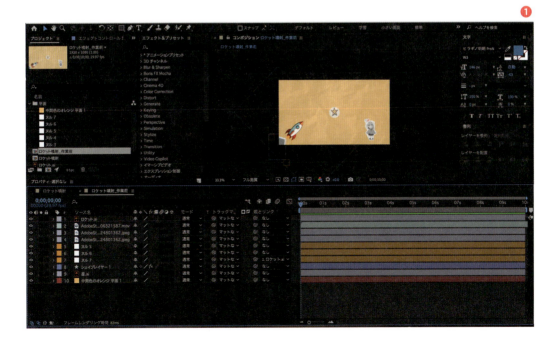

2 女の子のレイヤーを確認する

不透明度にキーフレームを打つ

ここで、右下に存在する女の子のレイヤーは、2枚重なっており、それぞれマスクで切り抜かれています❶。

上のレイヤーの［不透明度］　　　下のレイヤーの［不透明度］
［0:00f 0%］［0:20f 100%］［1:10f 0%］　［0:00f 100%］［0:20f 0%］［1:10f 100%］
交差するようにキーフレームをそれぞれ3つ打ちます❷。

ここにループするエクスプレッションを記述することでイラストは交互に表示されるようになりますが、このままだと交差する途中でフェードがかかります❸。

停止キーフレームを設定する

このフェードを打ち消す機能として「停止キーフレーム」があります。上のレイヤーのキーフレーム3つを選択して右クリックし［停止したキーフレームの切り替え］❹を選択します。続いて、下のレイヤーでも同様の手順を行います。

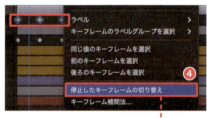

ループのエクスプレッションを入力する

ここにループをかけていきましょう。［不透明度］のストップウォッチマーク❺を、[option]（[Alt]）キーを押しながらクリックし、[loopOut()]❻と入力します。上下のレイヤーそれぞれに行います。
この設定で3つのキーフレームがループし、ずっとこの1秒10フレームのアニメーションが機能し続けます。

057 さまざまなアニメーション表現 ④ モーションタイル

▶ TEC054.mp4

ここでは、前項までに作成したロケットのアニメーションの背景部分を作っていきます。

1 コンポジションの状態を確認する

「ロケット噴射_作業前」を開いてください。ここでは、前項までの作業を行った前提で進めていきます。この Tips 自体は、「さまざまなアニメーション表現 ❶、❷、❸」を作業せずに進行することもできます。

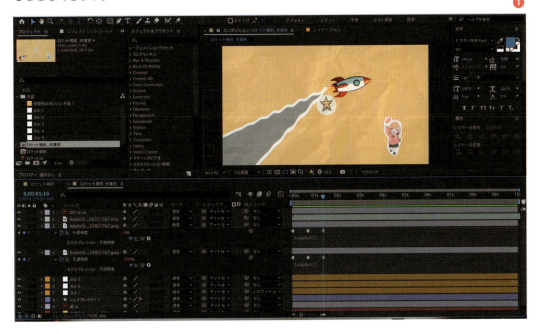

2 背景の星をタイリングする

現在、星のレイヤー❶が中央に配置されています。
このレイヤーに［**エフェクト**］メニュー＞［**スタイライズ**］＞［**モーションタイル**］❷を実行します。

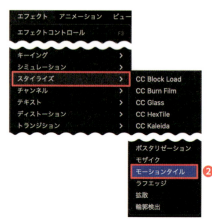

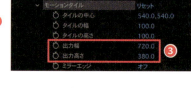

そして、［**出力幅：720**］［**出力高さ：380**］に設定します❸。星レイヤーが画面いっぱいに広がって表示されます❹。

星の並び方を整えます。［**モーションタイル**］で［**フェーズ：135**］［**水平フェーズシフト：オン**］に設定します❺。星が互い違いに表示されます❻。

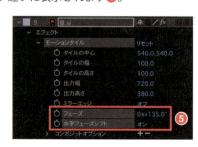

ヌルを新規追加して❼、星をヌルに親子づけしてから❽、星のレイヤーの［位置］に［0:00f 0,0］［10:00f 200,0］と入力し❾、横にスライド移動するように表現を変更します。

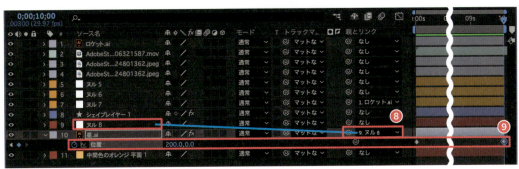

これで後は星レイヤーを少し傾ければ大丈夫かというと、星レイヤーの［回転］を調整すると、「傾いたまま水平に移動する」状態になります。やはり右上に動かしたいため、ヌルレイヤーの［回転］を［0x-4°］❿とすることで、全体的に動き自体を傾けることができます⓫。

201

058 モーションスケッチ

▶ TEC058.mp4

ここでは、実務ではあまり使うことが少ないため「実は知らなかった」という方も多いモーションスケッチを紹介します。ペンタブレットなどを使用している方にとっては、とても役に立つ機能だと思います。

1 コンポジションの状態を確認する

この作例解説では背景にAdobeStockの素材「697101773」を使用しています。そのため、練習用データに背景は含まれていません。AdobeStockを契約している方はダウンロードして解説手順を追ってみてください。解説で使用するコンポジションは❶の状態です。背景のレイヤーの上に、少しトーンが異なる女の子のキャラクターが別レイヤーとして配置されています。この女の子を、リアルタイムにマウスもしくはトラックパッドで動かしてみましょう。

❶

2 「モーションスケッチ」パネルを開く

[**ウィンドウ**] メニュー > [**モーションスケッチ**] ❶ を選択して
パネルを開いてください❷。
まずは練習として、[**キャプチャ開始**] ボタン❸ を押してみましょう。それだけでは何も変化はありません。

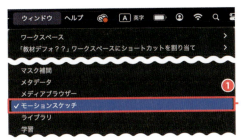

女の子をドラッグすると❹、ドラッグしている間の動きがそのままタイムラインに記録されます❺。これがモーションスケッチ機能です。

完成形の「モーションスケッチ」コンポジション❻ を見ると、ドラッグの軌跡❼ が❹ほど細かくありません。
細かい動作を滑らかにする設定は [**モーションスケッチ**] パネルで [**キャプチャ速度：100%**][**スムージング：5**] 程度にします❽。

「キャプチャ速度」の数値を大きくするとスロー再生されます。また、「スムージング」の数値を大きくするとキーフレームを打つ数が減り、滑らかな動きになります。

応用編　モーションデザイン複合テクニック

203

059 オートトレースでパスアニメーション ❶
パスをトレース

▶ TEC059.mp4

ここでは「クリエイトヌルフロムパス」の一機能「パスをトレース」に「テーパー」を組み合わせてラインアニメーションを作っていきます。

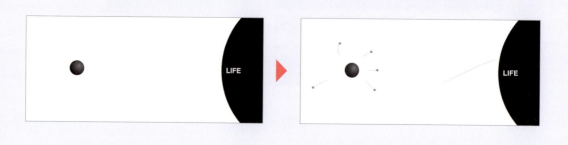

1 コンポジションの状態を確認する

練習用データ059のコンポジション「WideComp」❶
および「WideComp_作業前」❷を開いてください。

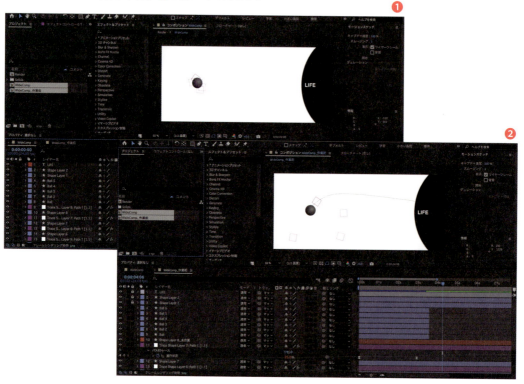

2 「Shape Layer8_未作業」を確認する

「WideComp」と「WideComp_作業前」を比較してみましょう。
「Shape Layer8_未作業」❶だけ赤色になっており、ラインアニメーションはついていません。

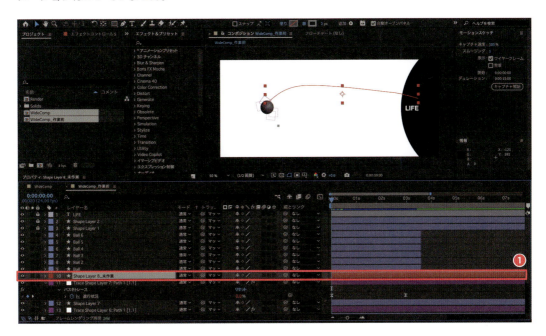

「Create Nulls from Paths.jsx」の「パスをトレース」

この線だけのパスに動きをつけていきましょう。ここでは、先端に球体をつけて動かしたいと思います。このときに使える機能が「Create Nulls from Paths」の「パスをトレース」機能です。

[**ウィンドウ**] メニュー > [**Create Nulls form Paths**] ❷を選択してパネルを表示します❸。

「Shape Layer 8_未作業」レイヤーの [**コンテンツ**] [**>シェイプ1**] > [**パス1**] > [**パス**] ❹を選択した状態で [**パスをトレース**] ボタン❺を押します。

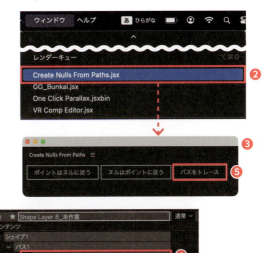

ヌルオブジェクトが生成され❻、そこにはパスの形に沿ったキーフレームが打たれていることがわかります❼。

3 | 先端に球体をつけていく

ここで、その他のラインにはすべて「パスをトレース」を実行しています❶。さらには、Ball～Ball6❷という同じ形のシェイプを用意してあります。これは直径25pxの楕円形パスをグラデーションで塗りつぶしたものです❸。

Ball～Ball6の［位置］のプロパティピックウィップを、それぞれのシェイプレイヤーから作られた「Shape Layer（以後番号）」の［位置］に紐づけましょう❹。球体がそれぞれのパスに沿って動くようになります。
プロパティピックウィップは、1つのプロパティだけをピップウィップする手法です。

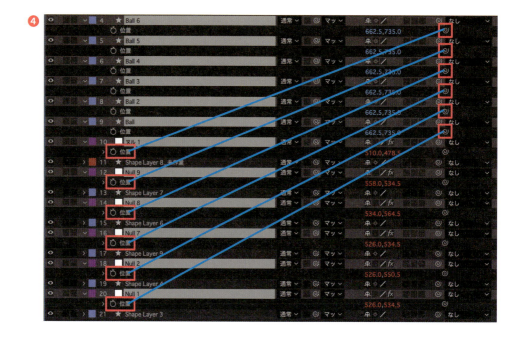

新しく生成されたヌルの最後のキーフレームを3:00fに移動して❺、イージーイーズをかけます❻。

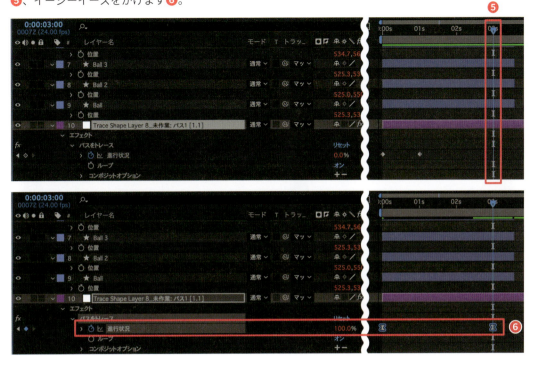

さらに、このラインアニメーションをある程度の長さに合わせて消えるように設定します。「Shape Layer 8_未作業」レイヤーで [追加] ❼から [パスのトリミング] ❽を選択して開始点 [0:08f 0%]、[3:08f 100%]、終了点 [0:00f 0%]、[3:00f 100%] とキーフレームを打ち、イージーイーズをかけます❾。
終了点のラストをトレースしたヌルのキーフレームの位置、イーズを同じにすること、開始点をわずかに（ここでは8フレーム）ずらすのがポイントです。

そして最後に、線が滑らかに消えていく表現（テーパー）を追加します。「Shape Layer 8_未作業」レイヤーの [コンテンツ] > [シェイプ 1] > [線1] > [テーパー] で [先端部の長さ：51%] としましょう❿。消えゆく部分が細くなります。

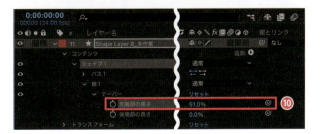

060 オートトレースでパスアニメーション ❷ 装飾表現

▶ TEC059.mp4

前項では、パスのトレースで動きを設定しました。ここではさらに装飾をつけていきます。よりリッチな表現、コンセプトを伝わりやすくするための装飾アイディアはいろいろ膨らませておきたいところです。

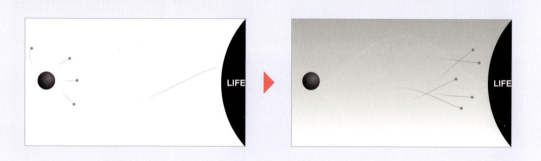

1 コンポジションの状態を確認する

練習用データ059のコンポジション「Render」を開いてください❶。ここでは完成形を確認するのみとします。それぞれのレイヤーでエフェクトコントロールパネルを表示しながら、エフェクトのかかり具合を確認していきましょう。

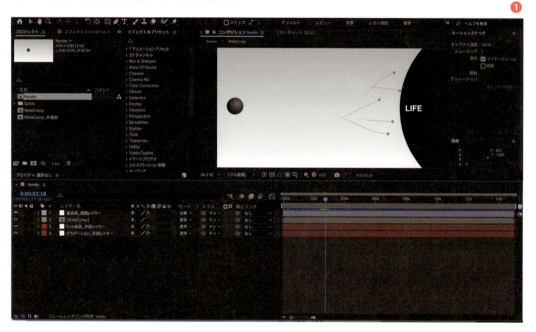

| 2 | 各装飾の演出意図と
エフェクトを確認する |

Renderコンポジションを開いたら、タイムライン上の「レイヤー名/ソース名」の切り替えを「レイヤー名」にしておきましょう❶。4つあるレイヤーは、それぞれ右のとおりです。2「WideComp」から見ていきましょう。

1「星表現_調整レイヤー」
2「WideComp」
3「ドット表現_平面レイヤー」
4「グラデーション_平面レイヤー」

| 3 | WideCompの動きについて |

パスのトレースなどの動きは「Wide Comp」上で作成しています。サイズは［横：2500px］❶で、これは横に動く表現をよりダイナミックに表現するためのものです❷。

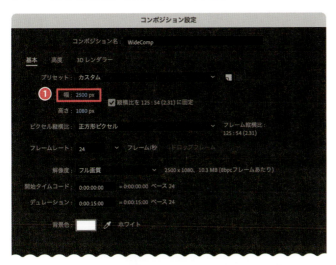

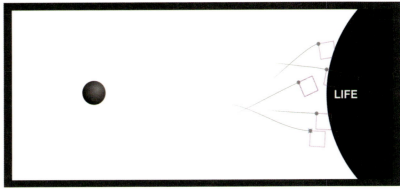

4　グラデーション_平面レイヤー

「グラデーション_平面レイヤー」の表示／非表示を切り替えながら確認してみましょう❶。これは画面にグラデーションをかけるためのコンポジションです。

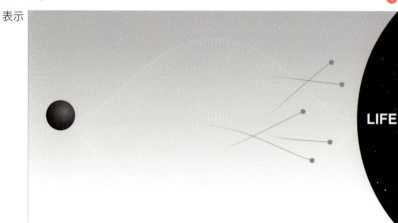

表示

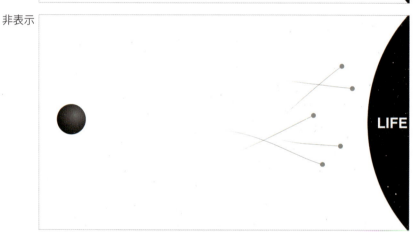

非表示

エフェクトとしては［**エフェクト**］メニュー>［**描画**］>［**グラデーション**］を実行し、画面全体に上部分が灰色、下部分が白になるようにし❷、フラットな質感になるのを避けています。

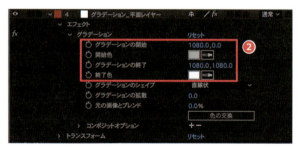

5 ドット表現_平面レイヤー

「グラデーション_平面レイヤー」の上には「ドット表現_平面レイヤー」を重ねています。ここにはエフェクト [**CC Ball Action**] を加えることで、微細なドットを画面上にちりばめました❶。

特に、[**Twist Angle**] ❷というプロパティにキーフレームを入れてねじる動きを取り入れました。これには次のような意図があります。

・モノトーンかつ、メインの被写体が黒寄りのため、白寄りの飾りを加えて質感を強調する
・ドットならではのデジタルな表現
・ねじることによって生まれる有機的な表現

また、[**CC Ball Action**] はデフォルトでグラデーションがかかります。さすがに細かいドットにグラデーションがかかるとノイズが目立つため、[**塗り**] エフェクト❸をかけてフラットにしています。

6 星表現_調整レイヤー

一番上には、「星表現_調整レイヤー」という名前の調整レイヤーを重ねています。右側の黒円部分に星空の表現を入れることで、より「生命感（テーマがLIFEのため）」と、宇宙のイメージを強く出そうと考えました。

このレイヤーには [**CC Star Brust**] というエフェクトをかけ、中心から星が飛び散るような演出になるようにスクラブしながら数値を調整しました❶。
エフェクトの数値をどうするかよりも「なぜこのような表現をするのか」を考え、それを実践に移すためにエフェクトやプロパティが存在する、と考えていくことが望ましいと思います。

応用編　モーションデザイン複合テクニック

6

211

Chapter 07

応用編
業務効率化のテクニック

061 複数のレイヤーをまたいでキーフレームをコピー＆ペーストする

NO DATA

ここでは、Ver.24.4以降に搭載された「複数のレイヤーにまたがるキーフレームのコピー＆ペースト」を紹介します。地味な改善ですが、クリエイターにとってはとても便利な機能です。

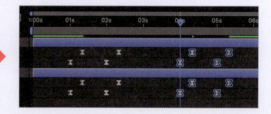

1 コンポジションの状態を確認する

練習用データ061のコンポジション「作業前_複数レイヤーにまたがるコピーペースト」を開いてください。「星」レイヤーと「丸」レイヤーで構成され❶、それぞれ［位置］と［スケール］にキーフレームが打たれています❷。

2 レイヤーをまたいでキーフレームをコピーする

すべてのキーフレームを選択して❸コピー（⌘+C）を押します。
次に、キーフレームをすべて選択したままインジケーターを［4:00f］に合わせます❹。

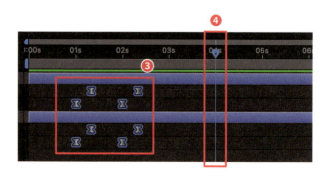

ここで、ペースト（⌘＋V）を押すと、それぞれのレイヤーにキーフレームがペーストされます❺。

レイヤーをまたいだキーフレームのコピー＆ペーストはVer.24.4から使い始めたユーザーにとっては当たり前ですが、以前のバージョンでは、プラグイン等を使用しなければできませんでした。

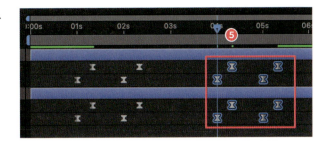

3 キーフレームを反転してペーストする

コピーしたキーフレームを反転してペーストすることもできます。

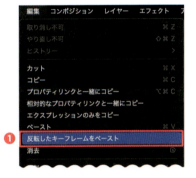

前ページの2でペーストしたキーフレームを削除して、今度は［4:00f］に［編集］メニュー＞［反転したキーフレームをペースト］❶を実行してみましょう。

クリック1つで「複数のレイヤーにまたがって反転した動き」を表現することができます❷。

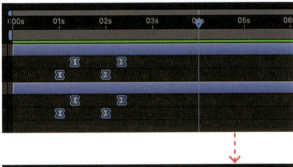

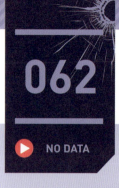

062 After Effectsを英語版で起動させる

海外で作成されたaepファイル（テンプレート）を日本語版で使用すると、エラーが発生することがあります。そんなときは英語版を起動して読み込みます。ここでは英語版の起動の方法を見ていきましょう。

1 英語版が必要になるときは？

近年はさまざまなサイトからaepファイル（テンプレート）を無償・有償で手に入れることができます。しかし、海外で作成されたファイルを日本語版で動かそうとすると、エラーが発生してまともに使えないことがあります。
こんなときは、英語版を起動して読み込むことでエラーを回避できる場合があります。
アプリケーションの表示すべてが英語表記になりますが、どちらも使えるように慣れておくことをおすすめします。

2 英語版で起動させる方法

Macの場合

「ae_force_english.txt」という名前のファイルを「書類」フォルダに置くだけです❶。何も書かれていない空ファイルでかまいません。
この操作でAfterEffectsは英語版で起動します。
日本語版に戻す場合は、このファイルを削除するか、別の名前にリネームします。
筆者は、ファイル名の先頭に「_」を挿入／削除することで日本語版／英語版を切り替えています。
なお、日本語版で使用していたワークスペースなどは英語版では使えなくなるので注意してください。

Windowsの場合

「ドキュメント」フォルダに「ae_force_english.txt」を入れます❷。

 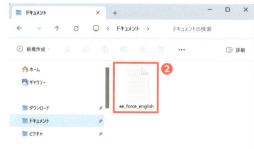

063 キーボードショートカットを カスタマイズする

NO DATA

ショートカットを使うことで、作業の効率は格段に高まります。自分が作業しやすいよう、いろいろ試行錯誤して好みの設定を見つけていってください。

1 自分好みの ショートカットに変更する

Adobe製品はすべてのアプリケーションでキーボードのショートカットを変更して使用できます。デフォルトの設定で「使いづらいな」「よく使う操作のキーを変更したいな」と思う項目があったらすぐに自分の好みに変更しましょう。

[編集] メニュー>[**キーボードショートカット**]❶を実行すると、ショートカットの編集ウィンドウ❷が表示されます。

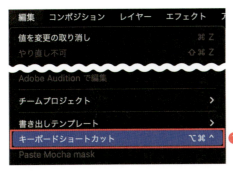

2 新規ショートカット プリセットの作成

❸の検索窓でコマンド名を入力すると、❹に検索結果が表示されます。たとえば「イージーイーズ」のショートカットを変更したいときは、❺の部分に割り当てたいキーをドラッグします。筆者は「イージーイーズ」に「3」を設定していますが、その場合は❻のようにドラッグします。

左上の「プリセット」が「カスタム.txt」に変更されるので、「別名で保存」❽をクリックして好みの名前で保存します❾。ショートカットを自由にカスタマイズして、スピーディに作業を進められるようにしましょう。

なお、プリセットのプルダウンにある「After Effectsのデフォルト.txt」を選ぶことで、いつでも初期設定に戻すことができます。

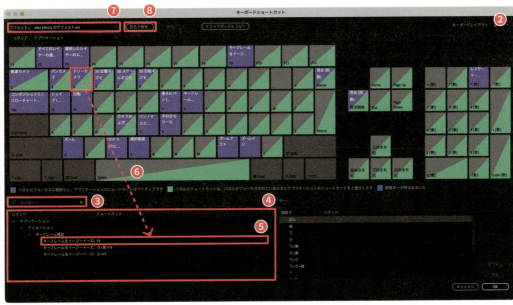

7 応用編 業務効率化のテクニック

064 ディスクキャッシュを管理する

After Effectsを快適に操作するための「ディスクキャッシュ」機能。便利な機能ですが、どんどんSSDやHDDを圧迫していくので、定期的に管理するようにしましょう。

1 ディスクキャッシュとは

After Effectsほか、映像・動画を扱うソフトにはほとんど「ディスクキャッシュ」機能があります。これは「毎回動画を再生するたびに演算処理を行うのではなく、一度再生した（フレームを生成した）」部分はすぐに取り出せるファイルとして保存しておき、再生をスムーズにする機能です。

2 After Effectsのキャッシュ設定

[AfterEffects] メニュー > [設定] > [メディア＆ディスクキャッシュ] ❶を実行します（Windowsは [編集] > [環境設定] > [メディア＆ディスクキャッシュ]）。

表示される [環境設定] ダイアログで「[ディスクキャッシュを有効にする] ❷にチェックが入っていることを確認してください。
次に、[最大ディスクキャッシュサイズ] を [100GB] ❸などに設定します（筆者は100GBにしています）。3箇所ある [フォルダーを選択] ❹ではキャッシュに使うフォルダを選択します。筆者は内蔵SSDを圧迫しないよう、外付けSSDを選択しています。

3 キャッシュを消去する

1日の作業が終了した際などは、SSDやHDDを圧迫しないよう、❺をクリックするか、[編集] メニュー > [キャッシュの消去] ❻を実行してキャッシュを消去する習慣をつけましょう。

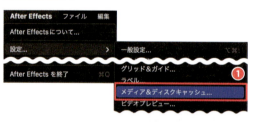

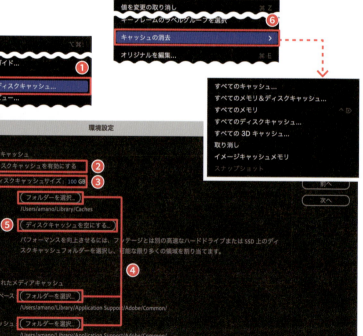

065 AIを使ってエクスプレッションを生成する

近年、爆発的にAIが進化しています。特に動画生成AIの進化には目を見張るものがあります。ここでは、AIを使ったエクスプレッション生成の一例をお伝えしようと思います。

1 ChatGPT4oを活用する

ChatGPT4oを利用すると、たとえば「Expressionでふわふわ動くボールのモーションを作ってください」というリクエストからでも、丁寧なコメント入りのエクスプレッションが生成されます❶。
このコードをそのままコピー＆ペーストするだけで、おおよその目的の動作が組み立てられます。各変数の説明もあり、数値を変更する際の目安となります。

筆者が使用している環境（ChatGPT4o）では、日本語かつ擬音を含む表記でも、十分に実用に耐えうるさまざまなエクスプレッションを生成できましたが、特に下記の点に注意することで精度を上げることができました。

- AfterEffectsという文言を英語で指示に組み込む
- Expressionという文言を英語で指示に組み込む

2 AI利用の未来像

近い将来、ある動画ファイルをアップロードし、「この動画と同じ動画を作るためのaepを生成してください」と入力すれば、同じ挙動のaepを生み出してくれるようになる……かもしれません。
AIの使用方法はもちろん、権利や法令などについても常にアンテナを張っておきたいと思います。

❶
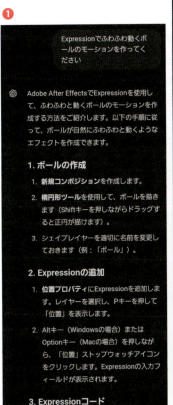
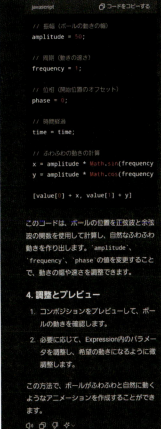

※この項目は2024年6月にChatGPT4oを使用して執筆しています。

応用編　業務効率化のテクニック

219

066 Illustratorのaiファイルを使用する際の注意点

Illustratorのファイルの読み込みには、1つのレイヤーで読み込む「フッテージ」と、レイヤー構造を保持して読み込む「コンポジション」の2種類があります。「コンポジション」で読み込む場合は、aiファイルのレイヤー管理が重要になってきます。

1 Illustratorでのレイヤーの整理

本書はAfter Effectsの書籍ですが、Illustratorを併用する読者の方も多いと思われます。aiファイルをAfter Effectsに読み込む際に覚えておいてほしいのが、元のaiファイルでの「レイヤーの整理」です。After Effectsにaiファイルを読み込んでからレイヤーを分割するのはなかなか困難なので、あらかじめレイヤーを整理しておくと便利です。

「サブレイヤーに分配」メニュー

Illustratorでは［レイヤー］パネルのメニューに、［サブレイヤーに分配（シーケンス）］❶と［サブレイヤーに分配（ビルド）］❷という項目があります。After Effectsで読み込む場合は上の［サブレイヤーに分配（シーケンス）］を実行してオブジェクトをレイヤーごとに分けておきます。

2 オブジェクトごとにレイヤーに分配する

たとえば、❸のような4つのオブジェクトが1つのレイヤー上にあるとしましょう。レイヤーを選択して［サブレイヤーに分配（シーケンス）］を実行すると、❹のようにオブジェクトがレイヤーに分配されます。なお、グループ化されたオブジェクトの場合はグループで1レイヤーです。

このようにして、After Effectsで動かすことを想定してレイヤー分けしておきましょう。さらに言えば、この段階でレイヤーに名前をつけておくとよいでしょう。

この項目を執筆しようと思ったのは、2024年から生成AI「FireFly」によるaiデータ作成が可能になったからです。FireFlyで生成されたaiデータは1レイヤーで構成されていて、そのままではAfter Effectsで使用するには不便です。

After Effectsで生成AIのデータを使用する機会はますます増えていくと思われるので、その際はこの「サブレイヤーに分配」を実行すると作業がはかどるでしょう。

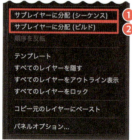

レイヤーを選択して［サブレイヤーに分配（ビルド）］を実行すると、❺のようにレイヤーごとにオブジェクトが1つずつ追加されていきます。

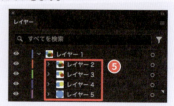

1コマずつパラパラ漫画を生成する際などに使用します。

067 レンダリングが重いときの対処法

After Effectsでは、ファイルの書き出し（レンダリング）に相当な時間がかかります。解像度を優先するか速度を優先するか……。レンダリングの設定をいろいろ工夫して対処しましょう。

1 いかに速く書き出すか

データをいかに速く書き出すかは、After Effectsに携わっているすべての人にとって「永遠の命題」と言っても過言ではありません。基本的にはハードウェアのスペックに依存する部分ではありますが、ここでは書き出しの選択項目で対応できる手法をお伝えします。

2 全体の動きや構成を確認するためのレンダリング設定

［コンポジション］メニュー>［レンダーキューに追加］❶を実行すると、選択されていたコンポジションがレンダーキューに追加されます❷。
続いて、［レンダリング設定：最良設定］❸の青い文字をクリックします。
表示される［レンダリング設定］ダイアログで以下のように設定します。

- 解像度　　　　　［1/2画質］［1/4画質］
- 色深度　　　　　［8bit］
- フレームブレンド［オフ］
- モーションブラー［オフ］
- フレームレート　［30など少ない数字］

制作途中で全体の動きや構成を確認したい場合は、これで十分です。

筆者は、「モーションブラー等の動きは確認したいけれども全体のサイズは小さめでかまわない」といった場合、「解像度：1/4画質」だけ変更して書き出すことが多いです。
1時間かかっていた書き出しが、たった5分で終わった……という経験をしてしまうと、この機能抜きにドラフト（ラフ版）を書き出すことは難しくなってしまいます。

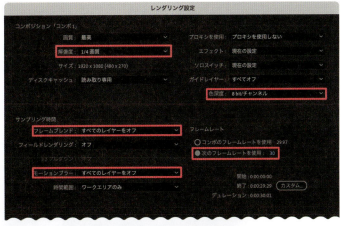

068 動画に載せる際の透過素材ファイルを書き出す方法

After Effectsで作成したデータをPremiere ProやDavinciなどの動画編集ソフトに読み込んで作業することもあります。こうした場合は、データに透過情報を保持する必要があります。

1 透過情報の保持オプション

［コンポジション］メニュー＞［レンダーキューに追加］❶を選ぶと、レンダーキューパネルが表示され、選択されていたコンポジションがレンダーキューに追加されます❷。
次に、［出力モジュール：H.264 - レンダリング〜］❸をクリックします。
［出力モジュール設定］ダイアログが表示されるので、［形式：QuickTime］❹に変更して、続いて［形式オプション］❺をクリックします。
表示された［QuickTimeオプション］ダイアログの［ビデオ］＞［ビデオコーデック］❻のプルダウンメニューから［Apple ProRes4444］（実写合成の場合）❼／［アニメーション］（イラスト動画の場合）❽を選択し、OKボタンを押します。
最後に、［チャンネル］❾のプルダウンメニューから［RBG＋アルファ］を選択してOKをクリックします。この設定で、データは透過情報をもったデータとして書き出されます。

> 透過情報を持つデータは、現状「QuickTime」もしくは「PNGシーケンス」などごく一部の形式に限られ、「H.264」などは透過情報を持つことはできません。また、QuickTimeでも、「ProRes4444」「アニメーション」など、透明になるコーデックは限られており、生成されるデータ量は非常に大きくなります。
> 軽いデータを作る裏技としては、RGB＋アルファで書き出してトラックマット合成で透過させる方法がありますが、これは動画編集ソフトにもある程度精通していないとハードルが高いでしょう。

069 複数のコンポジションを並列で確認する

コンポジション画面全体のバランスを見ながら、その一部分だけ拡大した状態を並べて見たい場合などがあります。ここでは、複数のコンポジションを並べて画面上に表示する方法を見ていきましょう。

1 新規ビューアコマンド

コンポジションを複数並列で並べる方法は非常に簡単です。コンポジションパネルがアクティブの状態❶で、[ビュー]メニュー>[新規ビューア]❷を実行すると、同一コンポジションが2個並んで表示されます❸。

2 拡大率の変更とビューアのロック

拡大率の変更

ビューアは、それぞれの拡大率を変えることができます。たとえば、同じコンポジションの全体と一部分を並べて表示するといった使い方ができます❹。

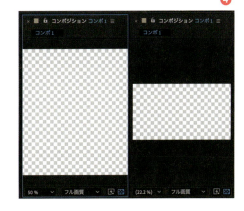

ビューアのロック

ビューアごとに異なるコンポジションを表示させたい場合は、切り替えたくないビューアの鍵アイコン❺をクリックしてロックします。

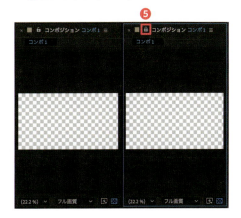

応用編　業務効率化のテクニック

070 エッセンシャルグラフィックスを活用する

Ver.23から「エッセンシャルグラフィックス」というPremiere Pro内でAfter Effectsの要素をある程度変更できる仕組みが実装されました。同じモーションデザインで「色だけ変更する」「文字だけ変更する」といった使い方ができます。

1 コンポジションの状態を確認する

練習用データ070のコンポジション「エッセンシャルグラフィックス前」を開いてください❶。ここでは、この挙動を作るのではなく、「色」と「タイトル」をPremiere上でも変更できるように「エッセンシャルグラフィックス」に登録する方法を見ていきたいと思います。

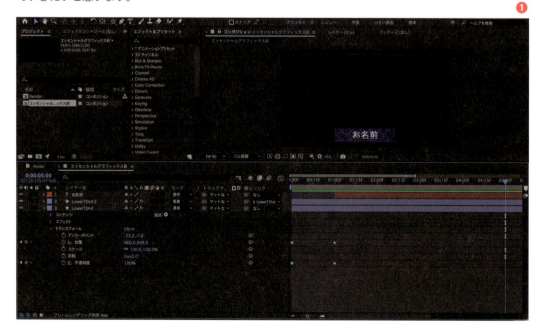

❶

2 エッセンシャルグラフィックスパネルを表示する

［**ウィンドウ**］メニュー>［**エッセンシャルグラフィックス**］❶を実行します。表示される［**エッセンシャルグラフィックス**］パネルの［**プライマリ**］から［**エッセンシャルグラフィックス前**］❷を選びます。続いて、［**名前**］を「YouTuber用氏名」❸と変更します。

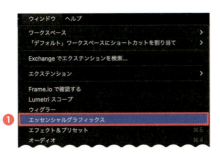

3 テキストを登録する

タイムラインパネルで、「お名前」レイヤーを展開します。［**テキスト**］>［**ソーステキスト**］❶を選択し、右クリックから［**プロパティをエッセンシャルグラフィックスに追加**］❷を選択します。

この操作で、［**エッセンシャルグラフィックス**］パネル内に「お名前」という項目が表示されるようになります❸。

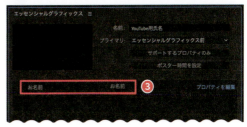

4 塗りを登録する

「LowerThird」レイヤーを展開します。［**エフェクト**］>［**塗り**］>［**カラー**］❶を選択し、右クリックから［**プロパティをエッセンシャルグラフィックスに追加**］❷を選択します。

この操作で、[**エッセンシャルグラフィックス**]パネル内に「塗り カラー」という項目が表示されるようになります❸。

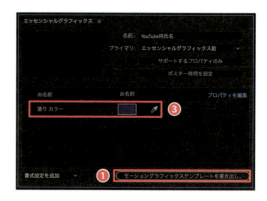

5 テンプレートとして書き出す

このデザインを、モーショングラフィックステンプレートとして書き出します。[**エッセンシャルグラフィックス**]パネル下部の[**モーショングラフィックステンプレートを書き出し**]❶をクリックすると、ダイアログが表示されます❷。
保存先はデフォルトの「ローカルテンプレートフォルダー」にするか「ローカルドライブ」❸を選んでOKをクリックします。

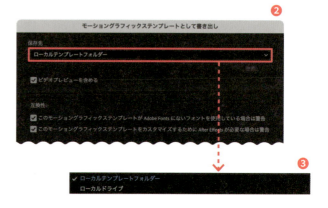

Premiere Proをお持ちの方は、Premiere Proを立ち上げて、[**エッセンシャルグラフィックス**]パネル内を確認してみましょう。
先ほど登録した「LowerThird」という項目がパネル内に表記されています❹。
❺は「LowerThird」をPremiere Proのタイムラインに追加して[**エッセンシャルグラフィックス**]パネル内でテキストや塗りなどを変更した例です。

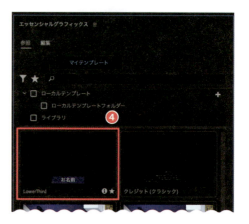

071 アニメーションプリセットを活用する

NO DATA

After Effectsには「アニメーションプリセット」という、いくつかのエフェクトをパッケージ化したプリセットがあります。標準で付属するもののほか、無償・有償で追加することができますが、ここでは自身のエフェクトをプリセット化する方法をお伝えします。

1 コンポジションの状態を確認する

練習用データ071のコンポジション「アニメーションプリセットを活用する」を開きます❶。1つの平面レイヤーに、右記のエフェクトがかかり、炎のような集中線が表現されています❷。

フラクタルノイズ
極座標
コロラマ

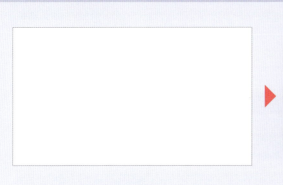

2 アニメーションプリセットに保存する

この集中線の表現は、エフェクトを4種類組み合わせて調整して作っており、毎回最初から作成するのは一苦労です。
そんなときは、一度設定した「エフェクトの組み合わせと数値」をアニメーションプリセットとして保存すると便利です。
「平面」レイヤー>[**エフェクト**]❸を選択して[**アニメーション**]メニュー>[**アニメーションプリセットを保存**]❹を実行

227

します。
「炎の集中線.ffx」などのわかりやすい名前にし、保存先のフォルダを選択して保存ボタンをクリックします❺。

3 アニメーションプリセットを適用する

保存したプリセットをさっそく適用してみましょう。[**コンポジション**] メニュー > [**新規コンポジション**] ❶を実行後、[**レイヤー**] メニュー > [**新規**] > [**平面**] ❷を実行して「平面」レイヤーを配置します❸。

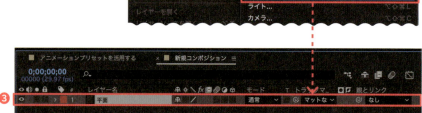

レイヤーを選択して [**アニメーション**] メニュー > [**アニメーションプリセットを適用**] ❹を実行し、保存した「炎の集中線.ffx」❺を選択します。

保存した表現がワンクリックで設定できます❻。
なお、位置、回転、スケール、アンカーポイント、不透明度といったプロパティは保存されません。

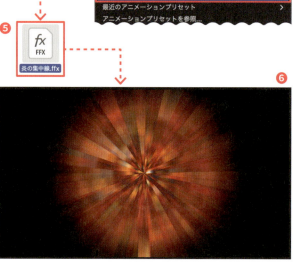

228

072 Adobe Bridgeで効果を確認しながらプリセットを適用する

NO DATA

After Effectsにはあらかじめ多数のプリセットが用意されています。これらを使用する際、どのような効果なのかを確認しながらプリセットを適用する方法をお伝えします。

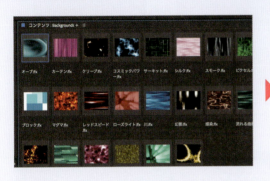

1 コンポジションについて

［**コンポジション**］メニュー>［**新規コンポジション**］①を実行後、［**レイヤー**］メニュー>［**新規**］>［**平面**］②を実行して「平面」レイヤーを配置します③。大きさや色などは何でもかまいません。

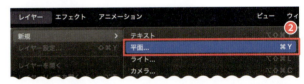

2 エフェクト&プリセットを表示する

［**ウィンドウ**］メニュー>［**エフェクト&プリセット**］①を実行して、［**エフェクト&プリセット**］パネルを表示します。

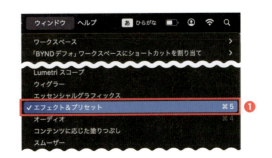

［**エフェクト&プリセット**］パネル❷には各種エフェクトが収められています。パネル内の［**アニメーションプリセット**］❸を展開してみましょう。
この中には「エフェクトの掛け合わせ」がたくさん用意されています❹。

3 エフェクトを適用する

たとえば「Backgrounds」にある「オーブ」❺を平面レイヤーにドラッグ&ドロップしてみましょう❻。

平面レイヤーに、水面のゆらぎのようなエフェクトが加えられます❼。用いられているエフェクトは下記の3種類です❽。

フラクタルノイズ
バルジ
CC Toner

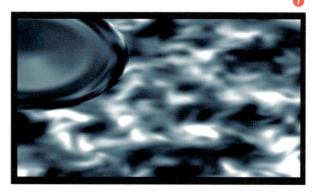

この「オーブ」には、5秒間動くキーフレームも設定されています。もちろん、各種プロパティを変更することで、さまざまな異なる表現を作り出すこともできます。

| 4 | プリセットの効果を見ながら適用する |

アニメーションプリセットは文字表記のため「どのプリセットがどのような表現をするか」がわかりません。そこで、「Adobe Bridge」を使ってプリセットの効果を見ながら適用する方法を紹介します。

［**アニメーション**］メニュー>［**アニメーションプリセットを参照**］❶を実行すると、Bridgeが立ち上がり、アニメーションプリセットがフォルダ形式で表示されます❷。

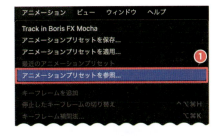

この画面から、「Backgrounds」フォルダ❸をクリックしてみましょう。

プリセットを適用した後の結果が画面上にサムネイルで表示されます❹。レイヤーを選択して❺、使用したいプリセット（たとえば❻）をダブルクリックすればOKです。

なお、レイヤーを選択していない場合は新たにレイヤーが作成されてプリセットが適用されます。

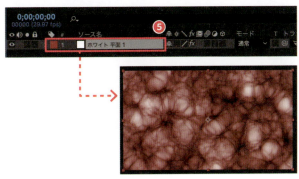

073 Web上のエクスプレッション活用テクニック

NO DATA

エクスプレッションを活用すると、大幅に効率化することができます。海外のWebサイト等で無償共有されているエクスプレッションも多く、それをコピー&ペーストするだけで使用できるという便利さなので、これらを使わない手はないでしょう。

1 コンポジションの状態を確認する

練習用データ073のコンポジション「ポップするアニメーション_作業前」を開きます❶。文字が中央から登場するアニメーションがあらかじめ設定されています。ここにバウンスする表現を組み込んでいきましょう。

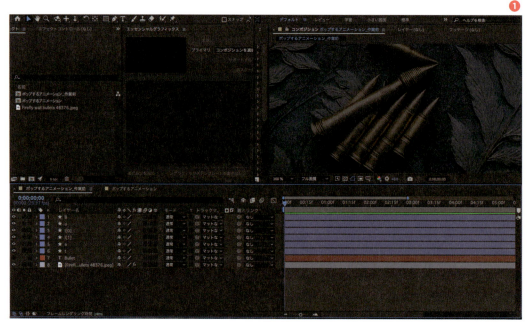

2 エクスプレッションを入手しコピー&ペーストする

著名なエクスプレッション公開サイトに、「Top 5 Effects Expressions」があります❶。このサイトの「1. Intertial Bounce v1.2」に表記されているエクスプレッション❷を各文字の[トランスフォーム] > [位置]にコピー&ペーストします❸。これだけで文字が跳ねる表現ができあがります。

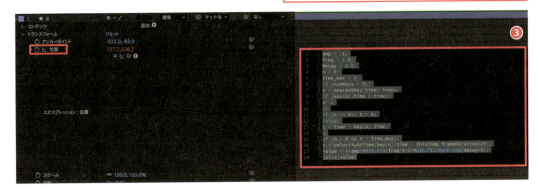

https：//www.graymachine.com/top-5-effects-expressions

```
amp = .1;
freq = 2.0;
decay = 2.0;
n = 0;
time_max = 4;
if (numKeys > 0){
n = nearestKey(time).index;
if (key(n).time > time){
n--;
}}
if (n == 0){ t = 0;
}else{
t = time - key(n).time;
}
if (n > 0 && t < time_max){
v = velocityAtTime(key(n).time - thisComp.frameDuration/10);
value + v*amp*Math.sin(freq*t*2*Math.PI)/Math.exp(decay*t);
}else{value}
```

エクスプレッションのアレンジ

エクスプレッションの冒頭3行にある[amp = .1;][freq = 2.0;][decay = 2.0;]の数値を変更すると、動きの微調整を行うことができます。「amp」が大きさ、「freq」が周波数、「decay」がゆらぎの時間を表しています。いろいろ変更して動きの変化を見てみましょう。

また、この手の揺らぎ系エクスプレッションは、一般的に「キーフレームにイージングがかかっていると、イージングとエクスプレッションが干渉しあってうまく挙動しないことがある」点に気をつけましょう。キーフレームはすべてリニアにするか、もしくは「開始部分（冒頭）のキーフレームだけイージングをかける」といった工夫が必要です。

チュートリアルの使い方

　現在、YouTube には多数の AfterEffects チュートリアルが存在し、さまざまな YouTuber さん、映像作家さんが、表現技法やツールの使い方を公表しています。これまで、こんなにも「学び」が近くに存在した時代はなかったといっても過言ではありません。

　筆者は 1990 年代に映像業界に新卒で飛び込みました。その頃、映像制作を学ぶには、先輩から教わる、先輩カメラマンから技術を盗む、エディターから技法を学ぶ、家に帰ってから書物を読む、などといった方法しかありませんでした。

　翻って現在、さまざまな動画メディアで、それこそ「わかりやすく」「面白く」ツールの使い方を学ぶことができる時代です。にもかかわらず、なかなか「学び」が進まない方もいらっしゃいます。

　チュートリアルは大事です。筆者もたくさんの YouTube を見て、チュートリアルを行って学んできましたし、今でも欠かさず学び続けています（そうしないとすぐ腕が錆び付いてしまいます…）。

　ただ、チュートリアルの使い方にも、いろいろコツがあると思っています。

　あくまで筆者の方法論ですが、チュートリアルは「気に入った一つのチュートリアルを覚え切るまで 100 回見る」「100 回見ることができるくらいファンになれる発信者さんを見つける」ことが大事と感じています。

　AfterEffects はデジタルツールとは言え、やはり「創作道具」です。道具であるからには、どうしても「身体性（筋肉としての使い慣れ）」「熟練度合い」が求められます。

　それこそ楽器を操るように、同じ動きを反復練習して、いつでもまったく同じ動作ができるようになるまで繰り返し繰り返し…という訓練が、どうしても必要なように思います。

　コピー＆ペーストや Cmd+Z などと同じように、「頭で考えなくとも操作できる容量」を増やしていくことが、上達への近道だと考えています。

　そのためには、チュートリアルを一つ丸暗記してみる、何も見なくてもできるようになってみる、というところまで突き詰める練習は、とても効果的と感じています。一度見ただけではうわべをさらうだけになりがちなチュートリアルを、とにかく一言一句覚える勢いで繰り返し繰り返し行ってみる。この訓練が、遠回りなように見えて、最終的に近道になると思います。

　もしよろしければ、本書のチュートリアルを一つでも（二つでも三つでも！）、丸暗記するくらいしっかりと身につけていただければ嬉しいです。それがいつか、強い本当に武器になると信じています。

Chapter 08

応用編
イラストモーションデザイン

074 イラストモーション A-❶
パペットピンの利用

▶ TEC074.mp4

さまざまなものを自在に歪ませるエフェクトとして、特異な位置にある「パペットピン」の実践的な使い方をご説明します。

1 コンポジションの状態を確認する

練習用データ074のコンポジション「Render_作業前」を開いてください❶。身体、顔、髪の毛の3レイヤーに分かれたイラストと音楽で構成されています。ここでは、髪の毛をわずかに揺らしてみることにしましょう。

❶

236

2 ［パペットピン］ツールで揺れを表現する

髪の毛を表示しているレイヤーは上から3番目のレイヤーです❶。Tips 39（138ページ参照）で、風になびかせる表現に「CC Bend It」を使用しましたが、このエフェクトを髪の毛に使うと、ヘッドホンも揺れてしまったり、頭の形が変わってしまうなどの不都合が発生します。そこで、ここでは［パペットピン］ツール❷を使います。

ツールを選択したら、髪の毛のレイヤーを選択し、インジケーターが0:00fにある状態で「ヘッドホンの下」「髪先」にそれぞれ左右2つずつピンを打ちます❸。

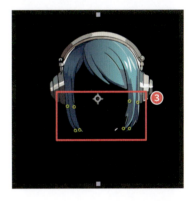

次いで、髪の毛のレイヤーを選択した状態でⓊキーを押します❹。パペットピンを打った数だけキーフレームが打たれます❺。

インジケーターを15フレームほど右に移動し❻、髪先のパペットピンを4つ選択して❼、わずかに移動させます❽。

15フレームのところにキーフレームが打たれます❾。ヘッドホンの下に打ったパペットピンは「このピンより上には影響を与えない（固定する）」という意味で打ったものです。

3 エクスプレッションを入力する

髪の毛を動かした毛のなびき加減や繰り返しを指定したいのですが、この場合に非常に便利なエクスプレッションがあります。キーフレームが打たれた髪先のパペットピンに、下記エクスプレッションを入力します❶。

[**loopOut(type = "pingpong", numKeyframes = 0)**]

loopのエクスプレッションで、typeを「pingpong」にすることで、ループが行ったり来たり、すなわち「風になびく」ような動きを表現できます。このエクスプレッションを髪先のパペットピン4箇所に入力します❷。

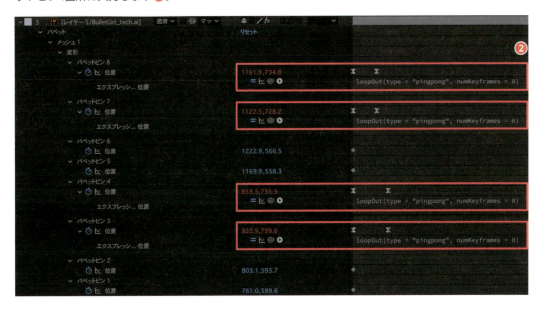

ここにイージングをかけて、左右の髪先のキーフレームの位置をそれぞれわずかにずらしてみましょう。完成形では、左の毛先を1秒のところに、右の毛先は20フレームずらすことで、自然ななびき方を表現しています❸。

075 イラストモーション A-❷
RepeTile

▶ TEC075.mp4

ここでは、このイラストに背景を組み立てますが、「CC RepeTile」というエフェクトを使うことでランダムな表現を簡単に作り上げたいと思います。

1 コンポジションの状態を確認する

練習用データ074のコンポジション「Render_作業前」を開いてください❶。また、「RepeTile」も開きます❷。

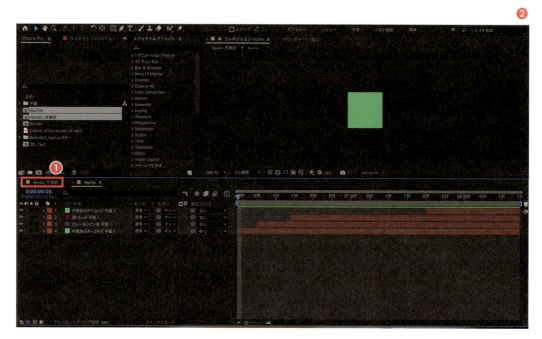

240

「RepeTile」コンポジションはすでに完成していますが、手順を追って作ってみたい方は「100px×100px」「デュレーション02:15」の新規コンポジション❸を作成して進めてみましょう。

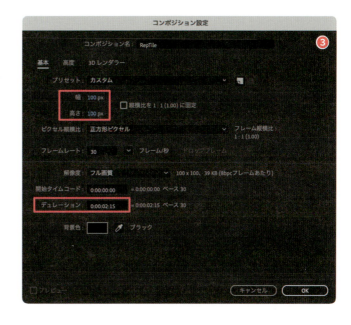

2 RepeTile素材の作成

「RepeTile」コンポジションの中には4枚の平面レイヤーが入っており、非常にシンプルに15フレームで左から右にスライドインしてくる構造です❶。

「Render_作業前」に戻り、この「RepeTile」コンポジションをイラストの下に配置します❷。当然、コンポジションのサイズが小さいため、女の子の後ろに隠れてしまいます❸。

このレイヤーに［**エフェクト**］メニュー>［**スタイライズ**］>［**CC RepeTile**］❹を実行します。プロパティには［**Expand**］がそれぞれ上下左右（Right, Left, Down, Up）ありますが、すべて［**500**］に設定します❺。これは、上下左右に500px拡大する、という意味です。

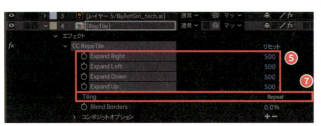

ここで再生してみましょう。先ほどコンポジションで作った表現がそのまま上下左右に拡大します。ただ、これではやや単調なのと、これは「モーションタイル」と違いがありません❻。そこで、［**Tiling**］❼から［**Random**］❽を選んでみましょう。この操作で、動きが一気に華やかになったのではないでしょうか❾。

242

076 イラストモーション A-❸ レイヤースタイル

▶ TEC074.mp4

前項ではイラストに背景をつけました。ここでは背景に文字を重ねてみます。その際に、非常にシンプルながら強力な「レイヤースタイル」という機能を使ってみます。

1　コンポジションの状態を確認する

練習用データ074のコンポジション「3D_Text_作業前」を開いてください。長体がかかった「Bullet Girl」という文字列が表示されています❶。

2 文字の立体化

Tips 19「3Dテキストサークル」では、円形に回る文字を作りましたが、ここでは「四角形」に回る文字を組み立てます。まずは、すべての文字レイヤーの「3Dスイッチ」を押して3D化します❶。

次に、[トランスフォーム] > [アンカーポイント] で [Z：445] に設定します❷。この数値は、文字の横幅が約900pxのため、その半分の数値を入力しています。

続いて、[Y回転] を上のレイヤーから順に [0] [90] [180] [270] と変更します❸。文字が正方形に並びました❹。

3 レイヤースタイルの適用

このままだと文字が重なって読みにくい部分があります。縁取りやグラデーション、ドロップシャドウなどのエフェクトで読みやすくする方法もありますが、ここでは「レイヤースタイル」を使います。レイヤーの上で右クリック>[**レイヤースタイル**]を選択すると、ドロップシャドウや光彩、エンボス、境界線など、「シェイプや文字にあしらいをつける」機能がまとまって用意されています❶。

キーフレームを入力して動きをつけることもできますが、ここでは「読みやすさ」を確保するため、これらのメニューから
[**ドロップシャドウ**]
[**光彩（内側）**]
[**グラデーションオーバーレイ**]
をかけてみましょう❷。
その中の数値指定もいろいろ変更することができますが、まずは文字の表現自体が変わったことを体感してみてください。

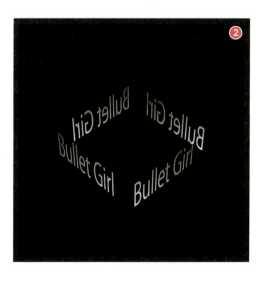

077 イラストモーション A-❹ 時間置き換え

▶ TEC074.mp4

ここでは「時間置き換え」機能を活用してみます。さまざまなところで出てくる「他のレイヤーの輝度情報を他の動きに置き換える」技法を生かします。

1 コンポジションの状態を確認する

練習用データ074のコンポジション「3D_Text_作業前」を開きます❶。ここで「3D_Text」レイヤーを一番上に配置してください❷。その後、「3D_Text」レイヤーの「3D スイッチ」「コラップストランスフォームボタン」を押します❸。

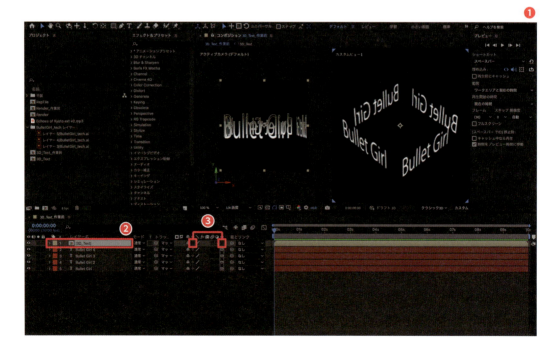

2　文字列を回転させる

ここに動きをつけていきます。若干傾けるため［Z回転：-8］に設定し④、［Y回転］に［0:00f 0］［9:00f 1回転］、［位置］を［0:00f Y 800］［9:00f Y 200］とし、イージングをかけます⑤。

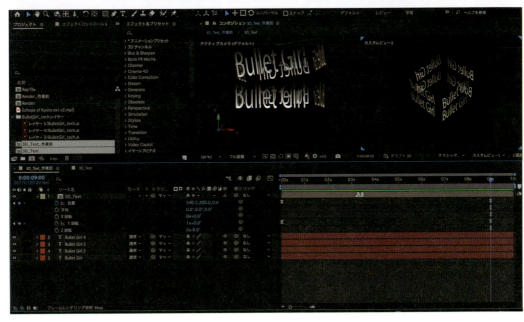

3　時間置き換えの準備

ここに、時間差による文字の歪みを加えてみます。その準備として、グラデーションがかかった平面レイヤーを作ります。［新規］メニュー＞［平面］❶を選択してレイヤーを作成したら、［エフェクト］メニュー＞［描画］＞［グラデーション］❷を実行します。

2秒間でグラデーションが画面を上下するように［**グラデーションの終了**］でキーフレーム［**0:00f 540,1080**］と［**2:00f 540,0**］を打ちます❸。また、パペットピンのときと同様、［**loopOut (type = "pingpong", numKeyframes = 0)**］とエクスプレッションを入力し、グラデーションの上下を繰り返すようにします❹。

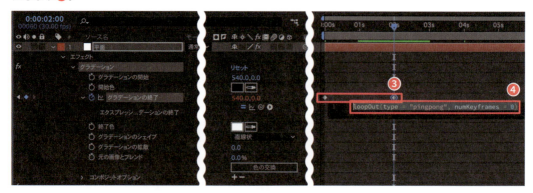

最後に、このグラデーションをトーンジャンプさせるために［**エフェクト**］メニュー>［**スタイライズ**］>［**ポスタリゼーション**］❺を実行します。［**ポスタリゼーション**］>［**レベル：7**］に設定します❻。デフォルトでレベル7になっていれば、そのままでかまいません。

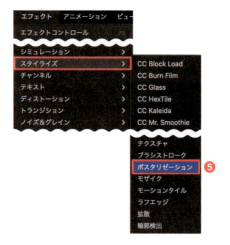

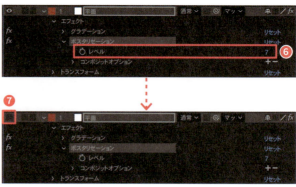

ここまでできあがったら、このレイヤーを「非表示」にします❼。

| 4 | 時間置き換えを適用する |

「Render_作業前」コンポジションの「3D_Text」レイヤーを選択して[**エフェクト**]メニュー>[**時間**]>[**時間置き換え**]❶を実行します。

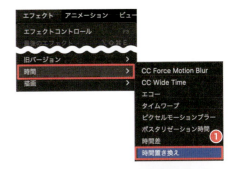

このエフェクトは、選択したレイヤーの輝度情報に合わせてトランスフォームを遅延させる、という特性を持っており、ここでの動きに先ほどのグラデーション情報を時間情報に置き換えるというテクニックを用います。

[**時間置き換え**]>[**時間置き換えレイヤー**]❷で「ホワイト平面」を選択し、その右のプルダウンで「エフェクトとマスク」に切り替えます❸。
これで、文字の動きにアクセントがつきました❹。背景の動きが激しく見にくい場合は、ソロスイッチを押して確認してみましょう。

  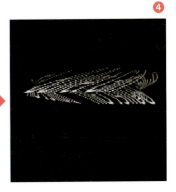

078 イラストモーション B-❶
コロラマと loopOut の offset

▶ TEC078.mp4　新たなチュートリアルを通じて、これまでに扱わなかったTipsをいくつかご紹介します。特に、インフォグラフィックスなどの「業務使用」ではあまり見られない表現を紹介します。

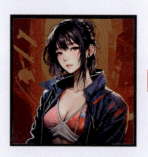  

1　コンポジションの状態を確認する

練習用データ078のコンポジション「Render_作業前」を開いてください❶。ここでは「0:00f～3:21f」のシーンの背景に、音楽に合わせたカラー変更を行おうと思います。

250

2 コロラマの設定

コロラマというエフェクトを使用します。このエフェクトは「ある輝度の色を別の色に変化させる」ものです。After Effectsは、輝度情報を透明度や時間差などさまざまな情報に置き換えるエフェクトが充実しています。上から5番目の調整レイヤーに、[**エフェクト**] メニュー > [**カラー補正**] > [**コロラマ**] ❶ を実行します。

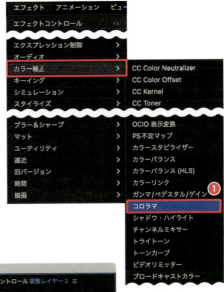

[**エフェクトコントロール**] パネルの [**出力サイクル**] > [**プリセットパレットを使用**] ❷ から [**星条旗**] ❸ を選択します。ここではトーンのニュアンスから「星条旗」を選びましたが、他のものを選んでもOKです。

次に、[**サイクル反復**] でキーフレーム [**0:00f 0**] を打ちます❹。音楽に合わせて色が切り替わるようにしたいのですが、どのタイミングで拍が変わるかがわからないので、仮に [**0:15f 3**] のキーフレームを打っておきます❺。

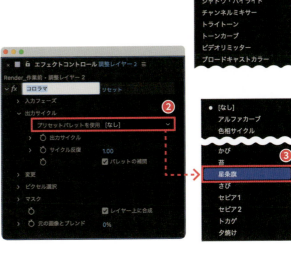

そして、キーフレーム上で右クリックを押し「停止したキーフレームの切り替え」❻ を選択します。これで、0:00fから0:15fにインジケーターが進むと、0:15fできっちり色が変化するようになりました❼。

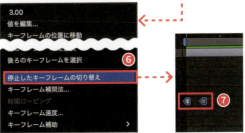

応用編 イラストモーションデザイン

251

3 「サイクル反復」に エクスプレッションを設定する

音と画像の切り替わりを合わせる

「サイクル反復」に下記のエクスプレッションを入力します❶。ポイントは「offset」の部分です。これは「順番に数値を加算する」ことを意味し、この例では「0→3→6→9」と数値が加算されていくループです。

loopOut(type = "offset", numKeyframes = 0)

ループがかかった状態で再生してみます。「0:15f」にキーフレームがある状態では、音に対して絵の切り替わりが少し遅いかと思います。再生しながら修正をしていき、「0:14f」にキーフレームを移動して音と切り替わりを合わせることができました❷。

loopOutのエクスプレッションを使うと、開始から1つ目のキーフレームを調整するだけでその後の動きをすべて調整できる利点があります。

079 イラストモーション B-❷ 目標範囲にクロップ

▶ TEC078.mp4

ここから2回に分けて3:22f〜5:03fに登場する「光」の文字のあしらい方を解説します。難易度はさほどではありませんが、「作業上のテクニック」的なものと、「表現の演出」的なものをそれぞれ見ていきましょう。

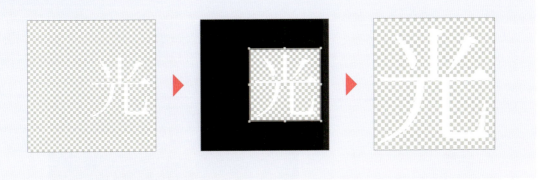

1 コンポジションの状態を確認する

練習用データ078のコンポジション「Render_作業前」を開いてください❶。また、上から2番目には「光_練習用」という文字レイヤーがあります❷。このTipsでは、「光_練習用」レイヤーを使用して解説していきます。

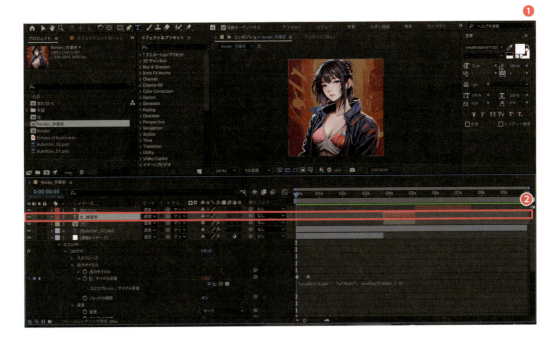

2 必要な箇所だけをくり抜く

レイヤーをプリコンポーズ

文字レイヤー「光_練習用」は、次のTipsで使用するエフェクト表現のため、プリコンポーズします❶。

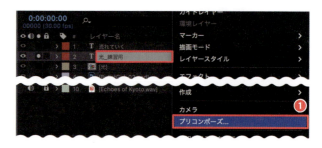

その際、ダイアログの「選択したレイヤーの長さに合わせてコンポジションのデュレーションを調整する」❷にチェックを入れます。

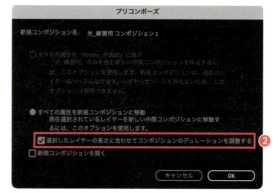

文字の大きさにくり抜く

プリコンポーズしたコンポジションを開いてみます。画面の中で、中途半端なサイズで文字が表示されています❸。ここから文字の大きさにクロップ（くり抜く）してみましょう。
まずは、コンポジションパネル下部の「関心領域」ボタン❹をクリックします。ここでコンポジション内をドラッグすると、ドラッグした範囲内のみ表示することができます❺。

「光」という文字が収まる範囲をドラッグして［**コンポジション**］メニュー>［**コンポジションを目標範囲にクロップ**］❻を選択します。

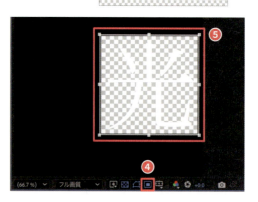

選択した範囲でクロップされます❼。選択範囲でクロップすることは作業の流れで意外とありますし、これに関するプラグインも多数出ています。

有料ですが「AutoCrop3」というプラグインを筆者は利用しています。
https://aescripts.com/auto-crop

254

080 イラストモーション B-❸
差とフラクタルノイズとトラックマット

▶ TEC078.mp4

ここでは、トラックマットとフラクタルノイズのミックス技および表現技法を学んでいきます。前項で行った「目標範囲のクロップ」が行われていることでエフェクトの数値が異なってきますので、この点に注意をしながら作業を進めていきましょう。

1 コンポジションの状態を確認する

練習用データ078のコンポジション「Render_作業前」を開いてください❶。ここでは「3:22f〜5:03f」までの「光」という文字のあしらい方を見ていきます。前項で使用した「光_練習用コンポジション1」レイヤーは非表示にしておきます❷。

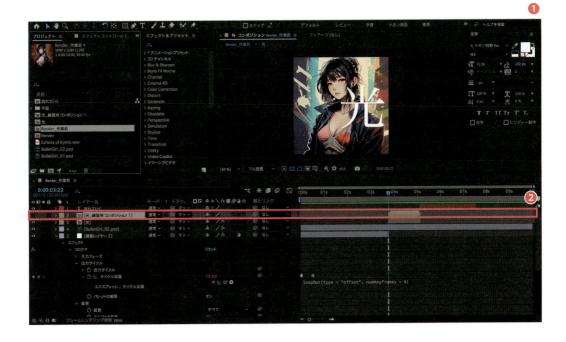

2 光に適したマットの作成

平面レイヤーを一つ作成します。なるべく「光」レイヤーのそばに置いておきましょう❶。

この平面レイヤーに［エフェクト］メニュー >［ノイズ＆グレイン］>［フラクタルノイズ］❷を実行して［コントラスト：200］❸と設定します。また、［トランスフォーム］で縦横比固定のチェックを外して［スケールの高さ：3000］、［回転：0x+17］❹とします。この設定で、斜めに長いノイズができます❺。

そして、［明るさ］に［3:22f -120］［4:13f 100］、［展開］に［3:22f 0x0］［4:13f 2x0］とキーフレームを打ちます❺。

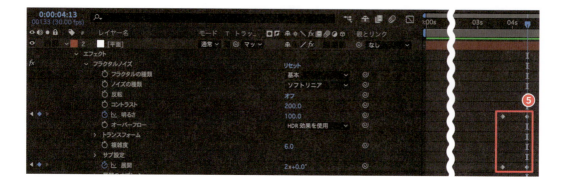

256

これで、完全に黒い平面から、斜めのノイズをたなびかせながら完全な白い平面に切り替わるレイヤーが完成しました❻。

「光」レイヤーからこの平面レイヤーに「トラックマット」をピックウィップし❼、ルミナンスキーマットに設定します❽。

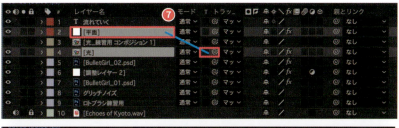

光の文字が斜めの光を受けてトランジションするようになりました❾。

この「光」レイヤーをさらに見やすく、かつ「光彩を浴びる」ように表現していきます。まず、文字と背景にある程度の輝度差をつけるため、「光」レイヤーの描画モードを「差」に設定します❿。

次に、[**エフェクト**]メニュー>[**スタイライズ**]>[**グロー**]⓫を実行します。設定はデフォルトのままでOKです。

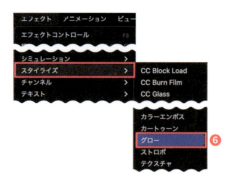

また、登場の仕方と同じくらい消え方にも意識を働かせます。光の中に消えゆくような表現をするため、[**スケール**]の縦横比固定を外して[**4:17f 140,140%**][**5:01f 140,733%**]とキーフレームを打ちます⓬。

[**エフェクト**]メニュー>[**ブラー&シャープ**]>[**ブラー（方向）**]⓭を実行して[**ブラーの長さ**]を[**4:17f 0**][**5:01f 50**]と設定します⓮。

延びながら消えゆく表現に変更しました⓯。
この作例では、無料のプラグイン「Displacer Pro」を使用していますが、それについてはTips 84で紹介します。

081 イラストモーション B-❹ コロラマエフェクトの応用

▶ TEC078.mp4

ここでは、テキストアニメーターやコロラマエフェクトなどを組み合わせて、実際によく見る表現を作成してみます。

1 コンポジションの状態を確認する

練習用データ078のコンポジション「Render_作業前」を開いてください❶。ここでは5:03f〜7:16fまでの「流れていく」という文字のあしらい方を見ていきます。

2 文字のデザイン作成

フォント環境はお使いのPCによって異なりますが、ここで扱うフォントはできる限り細めの明朝体を使用することをおすすめします。作例では「ヒラギノ明朝 Std W2」を使用しています。一番上の「流れていく」レイヤーで［アニメーター］>［字送り］❶を選択します。追加された［アニメーター1］>［範囲セレクター1］>［トラッキングの量］に［5:03f 0］［7:16f 64］とキーフレームを打ち、イージングをかけます❷。

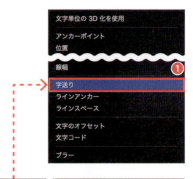

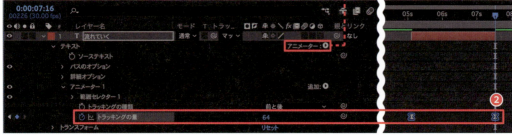

このとき、イージングの形をなるべく前半に速く動くようにすると音楽の拍と動きがリンクしやすくなります❸。

次に、［アニメーター］>［歪曲］❹を選択し［歪曲：20］と設定します❺。ここはキーフレームは打ちません。これで、文字のデザインが完成しました❻。

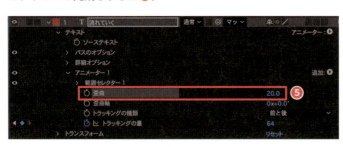

3 文字にコロラマエフェクトで光彩を与える

Tips 78でもコロラマエフェクトを使用しましたが、ここでも文字に光る表現を与えるためにコロラマを使用します。［**エフェクト**］メニュー＞［**カラー補正**］＞［**コロラマ**］❶を実行して［**出力サイクル**］＞［**サイクル反復**］で［**7:00f 1**］［**7:06f 10**］とキーフレームを打ちます❷。

7:00f〜7:06fで、コロラマエフェクトの出力する色がどんどん回転する形で色が切り替わるようになりました❸。

    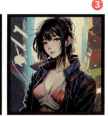

なお、コロラマを使用すると、最初から着色してしまいます。前半は白色にしておきたいので、［**元の画像とブレンド**］に［**6:29f 100**］［**7:00f 0**］とキーフレームを打ち、7:00fからエフェクトがかかるように設定します❹。

082 イラストモーション B-❺
ロトブラシでキャラクターを切り抜く

▶ TEC078.mp4

ここでは、テクニック紹介として「ロトブラシ」を紹介します。これは「実写から被写体を切り抜く」際に使用するものですが、イラストで練習してみるのもおすすめです。慣れてきたら実写で動く被写体を切り抜くことにもチャレンジしてみましょう。

1 コンポジションの状態を確認する

練習用データ078のコンポジション「Render_作業前」を開いてください❶。このコンポジションにある「ロトブラシ練習用」レイヤーのソロスイッチを押して練習してみましょう❷。

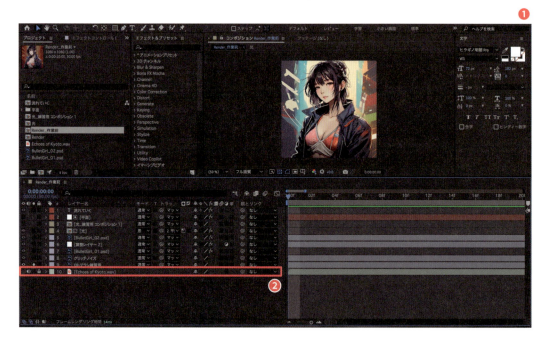

2 ロトブラシの使い方

「ロトブラシ練習用」レイヤーをダブルクリックしてレイヤーパネルを開いてください❶。

続いて、ツールバーの[**ロトブラシ**]ツール❷を使用して、被写体の女の子をなぞります（大雑把でもOKです）❸。

その後、レイヤーパネルの左下にある「アルファの表示切り替え」ボタン❹を押すと、透明化される部分が白、されない部分が黒で表示されます❺。

残したい部分が白くなっていたら、その部分をドラッグでなぞります。一方、透明化させたい部分が黒くなっていたら option （ Alt ）キーを押しながらその部分をなぞります。
この操作を繰り返して、被写体の形が綺麗に表示されるように調整していきます❻。

ロトブラシは動く素材でも使用できる機能ですが、イラスト素材で練習すると意外とさまざまな部分に応用できますので、ぜひ活用してみてください。

ただ、ロトブラシはPCに負荷をかけるエフェクトです。コンポジションパネルに戻って再生にどれくらい時間がかかるか確認してみてください。エフェクトとしては重いものの部類に入りますので、実写で使用する場合は、このあたりも考慮するとよいでしょう。

083 イラストモーション B-❻ ロトブラシとキーイングの併用

▶ TEC078.mp4

前項で「ロトブラシ」を紹介しましたが、実際にやってみると「髪の毛が綺麗に抜けない！」と思われる方も多いでしょう。髪の毛などの細かい部分をロトブラシで切り抜くのは至難の技です。ロトブラシとキーイングの併用について見ていこうと思います。

1 コンポジションの状態を確認する

練習用データ078のコンポジション「Render_作業前」を開いてください❶。「ロトブラシ練習用_マスク使用後」レイヤーのソロスイッチを押して確認してみます❷。実際に作業してみたい方は「ロトブラシ練習用」を使用してください❸。

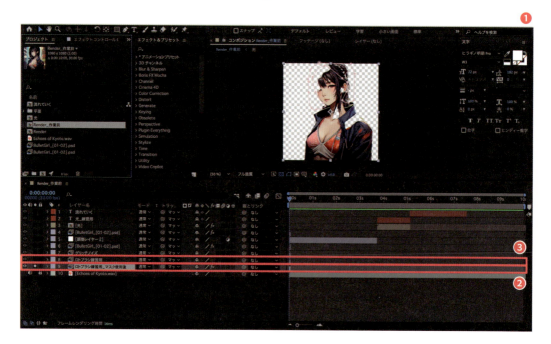

264

2 キーイングについて

[**エフェクト**] メニュー→[**キーイング**] ❶というエフェクト群があります。「ある色調の部分のみを透明化する」というエフェクトがさまざま用意されています。前項で、キャラクターをロトブラシで切り抜く際、髪の毛の部分がうまくいかなくて困った方も多いと思います。このような場合、「ロトブラシとキーイングの併用」で対応することができます。

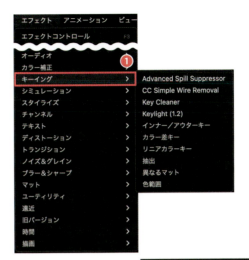

「ロトブラシ練習用_マスク使用後」レイヤーをソロ表示して、[**エフェクトコントロール**] パネルを見てみましょう❷。[**ロトブラシとエッジを調整**] ❸と[**リニアカラーキー**] ❹の2つのエフェクトが表示されています。コンポジションパネルの表示は❺のとおりです。
ここで「リニアカラーキー」を非表示に

して見てみると、髪の毛の部分の抜けが粗いことがわかります❻。

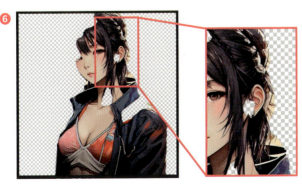

応用編 イラストモーションデザイン

265

このまま、すでに設定されているリニアカラーキーに新たにリニアカラーキーを追加してみましょう。[**エフェクト**] メニュー→[**キーイング**]＞[**リニアカラーキー**] ❼を選択し、[**スポイト**] ❽で髪の毛の後ろの黄色い背景色を選択します。

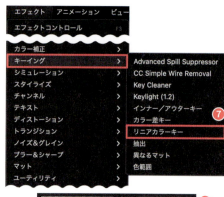

[**マッチングの許容度**] ❾を26％程度にすると髪の毛の後ろがきれいに抜けてきますが、残念ながらその色に近い「肌の色」も透明になってしまいます❿。

3 マスク範囲にだけエフェクトをかける

ここでは、肌の部分にエフェクトをかけず、背景にだけかけたいと思います。タイムライン上の「ロトブラシ練習用_マスク使用後」レイヤーを展開してみましょう❶。すでにマスクが描かれています。[**マスク**]＞[**マスク1**]＞[**マスクパス**] ❷を選択し、コンポジションパネル下の「マスクとシェイプのパスを表示」ボタン❸を押すとマスクの形が表示されます❹。
このマスクの範囲内のみにキーイングをかけたいので、[**エフェクト**]＞[**リニアカラーキー**]＞[**コンポジットオプション**]＞[**マスクリファレンス1**] ❺のプルダウンメニューから[**マスク1**] ❻を選択します。
これで、リニアカラーキーの適用範囲がマスクの範囲内となります。

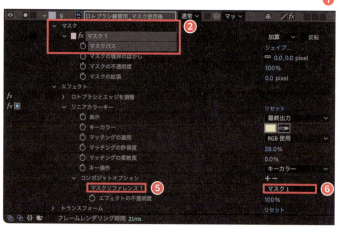

084 イラストモーション B-❼ プラグインエフェクト DisplacerPro

▶ TEC078.mp4

プラグイン「Displacer Pro」を使用したノイズ演出を見ていきます。目的とする演出によっては、既存のエフェクトだけでなくプラグインを使ったエフェクトも取り入れていきましょう。

1 コンポジションの状態を確認する

練習用データ078のコンポジション「Render_作業前」を開いてください❶。「グリッチノイズ」レイヤー❷を使って、7秒目から音楽のタイミングで背景にノイズが乗るエフェクトを加えてみたいと思います。

2　ノイズを加える意図

ここで用いる作例では、前半にコロラマで色調が変わる表現を行いました。コロラマはグラデーション部分をある程度破綻させ、エッジ部分がノイジーに表現されます。

表現や演出に優劣はありませんが、いわゆる企業案件では、このような破綻やノイズはあまり好まれない傾向にあります。一方、リリックビデオやMV、アートなどではこのような演出を頻繁に見ることができます。

統一感という面において、ある箇所ではノイズ破綻、ある箇所では美しいグラデーションというのは、「コンセプトがない」と捉えられるおそれがあります。

そのため、この作例では7秒目のアタックでも「ノイズ」が画面にかかるエフェクトを加えたいと考えました。

3　Displacer Proを使用する

コロラマのノイズ感に近い破綻、ノイズを載せるエフェクトとして、「Displacer Pro」プラグインを使用します。Displacer Proは無償配布されているので（2024年10月現在）、下記URLにアクセスしてインストールしてみましょう❶。

https://flashbackj.com/product/displacer-pro

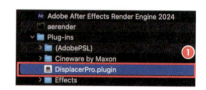

「グリッチノイズ」レイヤーを選択して［**エフェクト**］メニュー>［**Plugin Everything**］>［**Displacer Pro**］❷を実行します。続いて［**Displacer Pro**］>［**Transform**］>［**Scale**］に［**7:00f 100**］［**7:15f 60**］とキーフレームを打ち❸、15フレームかけて背景が崩れていくように設定します❹。

また、「流れていく」レイヤーで前半に大きく動くようにイージングを設定した動きに合わせて、Scaleにも同様のイージング設定を行います❺。

なお、このエフェクトはさまざまな形でシェイプを粉々のノイズにするエフェクトですが、粉砕後の隙間が透明化するため、下に同じ画像を重ねて、透明になる部分を埋めています。

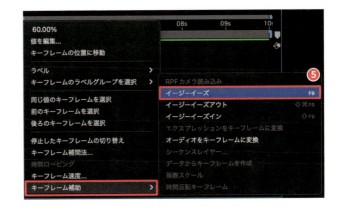

また、「光」レイヤーにもDisplacerProを使用しています。
[Displacer Pro] > [Transform] > [Translate X] に［4:08f 0］［4:12f 26］［4:17f 0］とキーフレームを打ち、イージーイーズをかけます❻。

この設定で、一瞬だけ文字がずれるグリッチ表現を加えることができます❼。

Chapter

09

応用編
テキストモーションデザイン

085 テキストモーション ❶
線の細い文字表現

▶ TEC085.mp4

この章ではテキストモーションデザインを扱います。完成図を見ながらその内容を追いかける形で演出の意図を汲み取っていきます。新たなTipsが含まれる場合は個別に取り上げます。まずは「ファミリーにない細いフォント」の作り方です。

1 コンポジションの状態を確認する

練習用データ085のコンポジション「Render」を開いてください❶。ここでは完成形を確認するだけです。それぞれのレイヤーでエフェクトコントロールパネルを表示しながら、エフェクトのかかり具合を確認していきましょう。

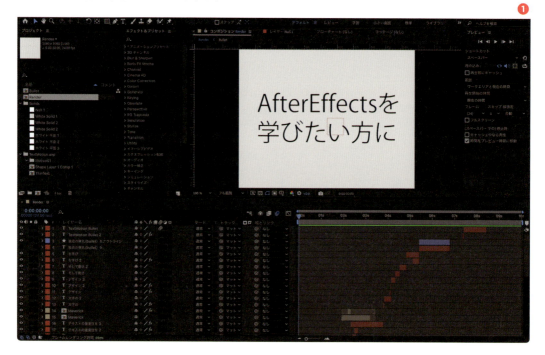

2 冒頭1秒の文字表現について

冒頭の1秒に登場する文字「AfterEffectsを 学びたい方に」の文字は非常に細くなっています。これはフォントファミリーのウェイトから選んでも表現できません。昨今のリリックモーションでは、線の細い文字がよく使用されています。ここではこのような文字の作り方を見ていきましょう。

文字レイヤー「After Effectsを学びたい方に」には［**チョーク**］❶というエフェクトがかけられています。［**表示：最終出力**］［**チョークマット：2.5**］❷に設定することで、細くなるような表示効果を加えています。

また、このレイヤーの上に平面レイヤー❸を置いて［**フラクタルノイズ**］エフェクトをかけ❹、ルミナンスキーマット❺にしてフラクタルノイズの模様を文字で抜いています（詳しくはTips 12「文字がグリッチで変化するアニメーション」49ページを参照）。このような加工を施すことで「読めるか読めないか」のギリギリのラインを攻めています❻。

文字においては、常に「可読性」と「必要最低限の太さ」を意識しています。文字が小さい、細い、速いなどで読めないのはNGですが、不必要に大きかったり、太かったりするのも印象がよくありません。筆者がよく意識するのは「細マッチョであれ」というイメージです。栄養失調も過度の肥満も好ましくありません。できる限り「必要最低限」の太さ、大きさのラインを狙っていきたいと思います。

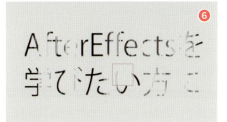

273

086 テキストモーション ❷ テキストの配置と挙動

▶ TEC085.mp4

ここでは「動くオブジェクトをどのように配置するか」の組み立て方を解説していきます。特に、文字だけで構成されているコンテンツのため、「何を読ませて」「何を模様として表示するか」のバランスを常に考えなければなりません。

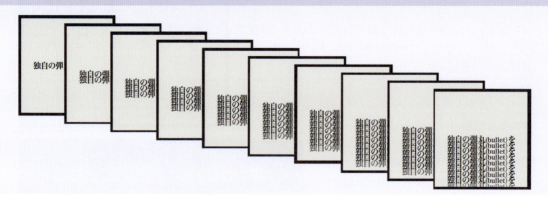

1 コンポジションの状態を確認する

練習用データ085のコンポジション「Render」を開いてください。ここでは完成形を確認するだけです。それぞれのレイヤーでエフェクトコントロールパネルを表示しながら、エフェクトのかかり具合を確認していきましょう。

2 伝えるメッセージの確認

ここで、完成図からの逆算になってしまいますが、このコンポジションで伝えている内容を文章にすると

A・AfterEffectを学びたい方に
B・テキストの重要性を
C・文字のデザイン、そして動きを学び
D・独自の弾丸（Bullet）を
E・タイトル（TextMotionBullet）

という5項目に集約されます。

文字を扱う際は「この秒数の中で、何を伝えたいか」「どこを強く打ち出したいか」「どのような間を取って伝えるか」を考え、このように文章、単語を並べてメッセージを構成することが大前提となります。

3　要素の時間的配列

A・AfterEffectを学びたい方に
B・テキストの重要性を
C・文字のデザイン、そして動きを学び
D・独自の弾丸（Bullet）を
E・タイトル（TextMotionBullet）

上記5項目の重みづけ（重要度）を確認します。最も重要なのは「タイトル（E）」です。そして、「A・B」と「C・D」は同様の内容を言い換えているだけなので、それぞれ別ブロックと考えます。

重要なものが大きく、派手に出ればいいというわけではありません。
ただ、重要なものは「しっかりと落ち着いて（時間を確保して、動きを少なく）」読ませる、逆にその他のものはテンポよく見せる、といった工夫をすることで、リズムが生まれインパクトと可読性の両方を担保できます。
ここでは、基本的には「10秒」という枠組みで考えています。この10秒をどのように各文字要素の時間的バランスに置き換えていくか……。

4　ちゃんと始まり、ちゃんと終わる

オープニング（A）にはしっかり時間を確保し、タイトルが出てから多少の余韻を残すことでタイトルの印象を強くする。
オープニングは1秒、ゆっくりクローズアップする演出とし、タイトル部分は7秒目から10秒まで、かつ何も表示しない「ブラック（ここでの場合は背景のみ）」の状態（時間）を確保することで、タイトルのインパクトを出す。そのために7:00f～7:10fは背景のみ。8:15f以降も背景のみとして、余韻を持たせる。

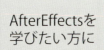

5 緩急をつける

オープニング（A）とタイトル（E）をしっかり読ませるために、緩やかな動きをつけると仮定した場合、その他の部分（B、C、D）は動きが速い&演出カットを挟むことで全体の緩急をつけたいと考えます。

1:00f〜2:05f
読ませるためでなく、グリッチ的に画面を文字で埋め尽くし、次の項目（B）に切り替わるための激しい文字情報で埋め尽くす。ただ、AとBはまとめて1項目としてC、Dとも対比させるため、BはAと同様にしっかりと画面内にノイズのない状態で読ませたい。

3:05f-3:18f
項目Bを落ち着いて読ませる
このときに、Aがスロークローズアップだったことに対比させるべく、カーニングをスローアップさせることで動きの一貫性を持たせました。

3:19f〜5:09f
ここまでに項目Cを、A、Bとは異なるニュアンス（カットチェンジ）で読ませ、「A、Bとは異なる」印象を与えます。

5:10f～6:17f

ここで項目Dを読ませますが、ブロックとしてはC、Dで同じブロックになります。そのため、A、Bで使ったゆっくりした動きではなく、Cでのカットチェンジに比した動きとして「文字がフレームごとに増幅（カットごとに増えていく）する」動きを追加します。特にDでは「弾丸」というインパクトのある単語が出てくるため、この文字デザインを活かすべく、インパクトある表現としてリピーターを使用しました。

文字だけのモーションデザインを行う際、このようなことを意識して作成しています。

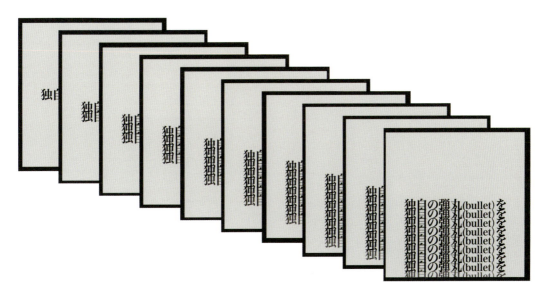

087 テキストモーション ❸
リピーターを使った表現

▶ TEC085.mp4

前項では、テキストモーションの全体的なデザイン演出の考え方について触れました。ここからはテキストモーションの各パーツの表現について、組み立て方を見ていくことにします。

1 コンポジションの状態を確認する

練習用データ085のコンポジション「Render」を開いてください❶。ここでは完成形を確認するのみとします。
もし、同じ手順で作成したい方は、上から3番目の「独自の弾丸（Bullet）をアウトライン」レイヤーを非表示にし、4番の「独自の弾丸（bullet）を」レイヤーを表示して、ここで解説する手順を追ってください❷。

2　5:10fからの動きを考察する

5:10fにインジケーターを合わせてください。前項で見たシーン分けの「D」の部分です。5:10f～6:18fまで、滝のように文字が流れ落ちる演出が施されています❶。

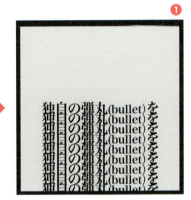

この表現はシェイプレイヤーに含まれる機能「リピーター」を活用して生成しています。まず「独自の弾丸（bullet）を」を選択し、レイヤーを右クリック＞[**作成**]＞[**テキストからシェイプを作成**]❷で、文字をシェイプレイヤー化しています。続いて、追加＞[**リピーター**]❸を実行します。

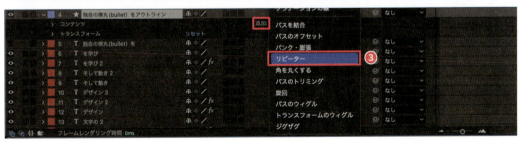

リピーターは「同じシェイプの形を複数回繰り返す」機能です。初期設定では「100px右に3回繰り返す」設定です。ここでは次々と下に流れ落ちるような表現にするため、設定を変更していきます。

| 3 | リピーターの設定 |

リピーターの設定数を5:10fからどんどん増えるようにするために［**リピーター1**］＞［**コピー数**］に［**5:10f 1**］［**6:06f 20**］とキーフレームを打ち❶、どんどん文字が増えるようにします。また、右横ではなく、縦に増えるようにしたいため、［**リピーター1**］＞［**トランスフォーム：リピーター1**］で［**位置 0,66**］に設定します❷。

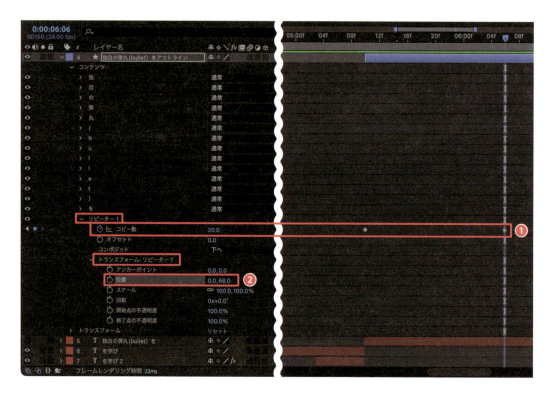

088 テキストモーション ❹ 文字がずれたような表現

▶ TEC085.mp4

非常によく見る表現でありながら、考え方はとてもシンプルな「文字ずれ表現」。ずれる数が増えると、いわゆる「グリッチ（画面の乱れ）」になりますが、場合によっては「2つに分割する」といった表現をすることもあります。

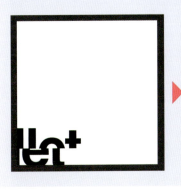  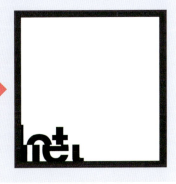

1 コンポジションの状態を確認する

練習用データ085のコンポジション「bullet」を開いてください❶。ここでは完成形を確認するだけです。同じ手順で作成したい方は、上から6番目のレイヤー「Bullet3」を表示して、ここで解説する操作を追ってください。

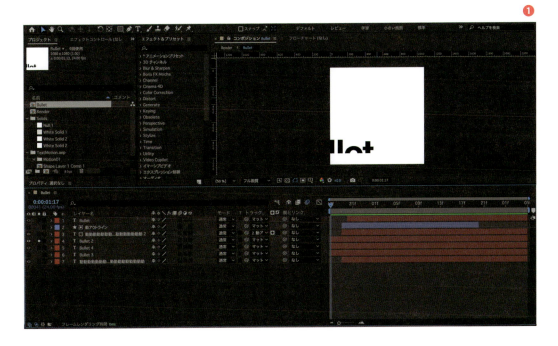

281

2 非常にシンプルな「2分割文字表現」

「何をいまさら」な、シンプルなオペレーションですが、使い道としては「グリッチを1つ1つ丁寧に作成し動かす」という意味で非常に重要な作業です。「Bullet2」レイヤーを見ると、文字の上半分がマスク処理されています❶。

マスクは「あるレイヤーを選択した状態で」「長方形ツール、楕円形ツール、ペンツールなど」のパス作成ツールを用いることで「レイヤーの一部をマスキング（非表示化）」する機能です。

よく似た機能に「トラックマット」があります。これは他のエフェクトに対してパス情報を送ったりする際に使う機能であり、フラットモーションを作成する際にはよく使用されます。

マスクとトラックマットの違いは以下の点があげられます。
- マスクは、描かれたレイヤーのトランスフォーム情報の影響をそのまま受ける（位置が移動すればマスクも一緒に移動する）。
- トラックマット は別レイヤーなのでマスキングされたレイヤーはトランスフォーム情報の影響を受けない。
- マスクはパスによる指定のため、基本的に数値コントロールができない（30px右に、という指定ができず、見た目での操作が主になる）。
- トラックマット は数的にコントロールがしやすい。

3 文字の分割

それでは、マスクを使った文字の分割をしていきます。トラックマットも使用できますが、レイヤー数が増えて整理が煩わしいというデメリットもあるので、シンプルな表現の場合はマスクで行うほうがよいでしょう。

「Bullet2」レイヤーを見てみると、上半分にマスクがかかっています❶。この状態で、右から左に移動するキーフレームが打たれています❷。

この「Bullet2」レイヤーをそのままコピーし、[マスク] > [反転]❸にチェックを入れたものが「Bullet4」レイヤーです。
そして、[位置]の1:18fのキーフレームと、1:20fのキーフレームの配置を入れ替えてあります❹。

このようにマスクを使うことで、シンプルな文字のあしらいを追加することができます❺。

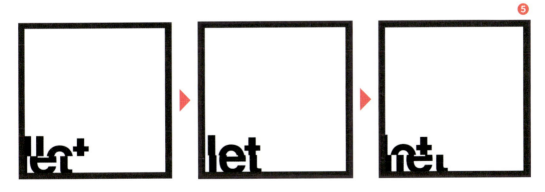

089 テキストモーション ❺ ウィグラーとウィグリーの違い

▶ TEC085.mp4

ウィグラーはこれまでのTipsでも何回か出てきました。さまざまな表現で自然な揺れ、ブレを作るのに用いられる機能です。一方、テキストレイヤーには似た名前の「ウィグリー」という機能があります。どのような機能か見ていきましょう。

1 コンポジションの状態を確認する

練習用データ085のコンポジション「bullet」を開いてください❶。すでに完成していますが、上から3番目のレイヤー「動動動動動動動…」を非表示❷、7番目のレイヤー「動動動動動動動動」を表示して❸、作業をしていきます。

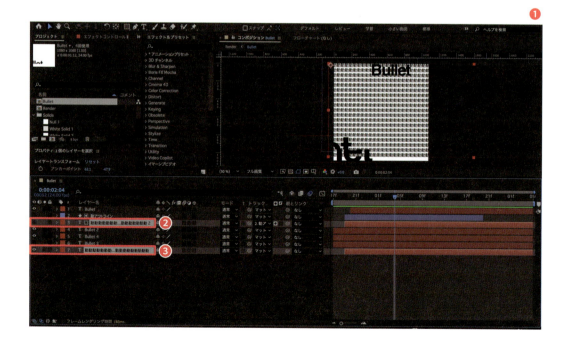

284

2 数多くの「動」という文字

7番目のレイヤー「動動動動動動動動動…」のソロスイッチ❶を押して、このレイヤーだけを表示します。この状態で確認すると、非常にシンプルに何行にもわたって同じ漢字が描かれただけのレイヤーということがわかります❷。

テキストは一文字で扱うことは少なく、多くは「単語」や「文章」として使用します。そのため、文字単位でコントロールする機能が多数用意されており、ここで見ていく「ウィグリー」もその機能の一つです。

3 ウィグリーの設定

ランダムに文字が点滅し、最終的に大きな「動」の字にくり抜かれる表現を作っていきます。まずは「動動動動動動…」レイヤーから［**アニメーター**］>［**不透明度**］❶を実行します。

次に、［**アニメーター1**］>［**範囲セレクター1**］>［**不透明度：0%**］❷に設定します。これで、すべての文字が0%（透明）になりました❸。

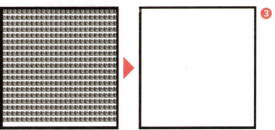

次に、[**アニメーター1**]の[**追加**]から[**セレクター**]>[**ウィグリー**]❹を実行します。

[**ウィグリーセレクター1**]には多数の設定項目があります。基本的には「どれくらいの範囲を」「どれくらいの強さで」「ランダムに数値（ここでは不透明度）を動かすか」を決めます。

ここでは、[**ウィグル/秒：23**]（1秒間にどれだけ点滅するか）[**相関性：0%**]（隣り合った文字にどれだけ影響を与えるか）に設定します❺。

続いて、トラックマット の「ピックウィップ」を上から2番目のレイヤー「動アウトライン」につなげます❻。

大きなサイズで描かれた「動」の形で、小さく点滅した多数の「動」をくり抜くことで、意味の一貫性を保ったまま、点滅や移動といった多数の動きを与えています❼。

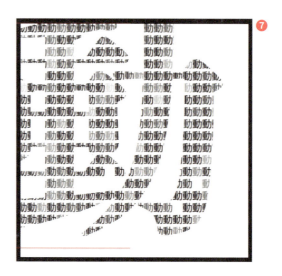

090 テキストモーション ❻ 細かいレイヤーの積み重ねによるグリッチ表現

▶ TEC085.mp4

ここで見ていくのは、一切キーフレームを打たずに行うモーションデザインです。「いかにキーフレームを打って動かすか」という考え方がある一方、「レイヤーを細かく刻んでデザインする」という考え方もあるということをお伝えしたいと思います。

1 コンポジションの状態を確認する

練習用データ085のコンポジション「Render」を開いてください❶。ここでは完成形を確認するだけです。

2　表現「C」の部分において

Tips 86「テキストモーション ❷　テキストの配置と挙動」（274ページ参照）で確認した全体構成のうち、ここでは「C」の部分（3:19f〜4:19f）を取り上げます。「Render」コンポジションでは上から7〜13番目の計7レイヤーで1秒間を構成しています❶。

そしてこの7つのレイヤーには、以下の特徴があります。
・エフェクトは色を変える「塗り」のみ
・キーフレームは一切打たれていない

ここでは、1フレーム単位でレイヤーを分割し、それぞれ順番にデザインすることで「動きとストーリー展開を表現する」という演出を行っています。

3　具体的なレイヤー確認

時系列からいうと、後から出てくるものが前からあったものの上に乗る表現が多いため、基本的にレイヤーは下から積み上げる形で増えていきます。ここでは13番目のレイヤーから順に確認していきます。

12番レイヤーと13番レイヤー

12番レイヤーを9フレームで作成し、「文字の」という単語を中央揃えにし、カーニングを整えて配置しました❶。

このレイヤーを先頭の1フレームだけ分割（ Shift + ⌘ + D ）して13番レイヤーにし❷、［塗り］エフェクト❸で黄色の文字にしています。

288

9～11番レイヤー

11番と10番の2つのレイヤーは、9番目のレイヤーにつながるトランジションの代わりの1フレームずつのレイヤーで、12番レイヤーに重なるように配置されています❹。

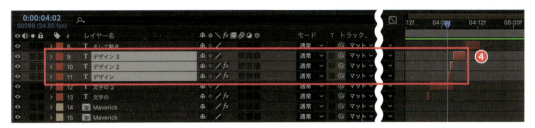

12番レイヤーの「文字の」という文字列に重なって「デザイン」という文字が黄色→青色→黒色に変化します。また、「デザイン」の文字はわずかに中央から右に寄せています❺。

これは、ぴったり中央だと「文字の」という言葉と重なりすぎて読みにくいし、8番レイヤーで左側に文字を表示させることを想定し、予備動作として少し右に移動させて配置しました。

7番レイヤーと8番レイヤー

7番と8番レイヤーでは「そして」と「動き」という文字列を扱います❻。その際、「そして」を小さく「動き」を大きくして、文字の重要性に応じたサイズ感にします❼。

次に、11フレーム分の時間を前半4フレーム、後半7フレームに分割して後半で文字サイズ拡大します❽。

このように、キーフレームを打たずに、サイズや配置を変え、1フレームずつカットすることで、デザインを細かくハンドリングしながら作る手法もあります。

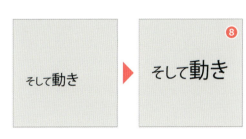

動画を作り続ける理由は
「あなたの世界を見せてほしいから」

　筆者は映像作家として、映像・動画制作を本業にしています。それこそCM、ドラマからサイネージ、Web広告、YouTubeなど多岐にわたるコンテンツでディレクター、カメラマン、モーションデザイナー、エディター、時には俳優やナレーターも、と無節操に活動を続けています。

　同時に「映像講師」として学校や企業研修、地方のセミナーなどで授業、講演をする機会にも恵まれてきました。

　私は、映像作家・映像講師の二軸において、常に一貫した姿勢をもって臨んでいます。

　作家としては「僕にはこの世界がこんな風に、こんなに美しく見えている」を伝えること。講師としては「あなたに見えている世界を、あなたが感じている世界を私に教えてほしい」その方法論を伝えること。

　人は皆、見ているもの、聞こえているもの、感じていることが異なります。同じ本を読んでも、同じ料理を食べても、同じ場所に行っても…、きっと感想や感情は大きく異なるでしょう。

　私は人が好きです。もっというと「その人がどう感じているのか、何を喜んでいるのか」を知ることが大好きです。

　映像・動画というメディアは、言語以外のプロトコルを使って他の人に「これ、きれいだよ」「これ、好きなんだ」という思いを伝えることができます。私はもともと言葉を偏愛していますが、それゆえに「言葉になりきらない部分」「その人が言葉以外で伝えたいと思うもの」も大事にしたいと思っています。

　私は、私に見えた世界を世に発信していきますし、それが「作家」としての仕事です。

　同時に「皆さんが見た世界」を綺麗に表現することができるお手伝いをしていきたいと思い「講師」としての仕事を続けています。

　この本によって、皆様の世界を「作品」にして見せてくださることがより身近になれば幸いです。

Chapter 10

総合演出編
モーションデザイン総合

091 演出構造の確認

▶ TEC091.mp4

この章では一つの作品を紹介しつつ、その中でどのような演出を行っているかを見ていきます。また、何かを組み立てるというよりも「どのように考えて作っているのか」を中心に解説していきたいと思います。

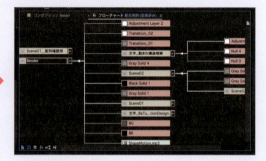

1 コンポジションの状態を確認する

練習用データ091のコンポジション「Render」を開いてください❶。ここでは完成図を見ながら何を意識して作っているのかを解説していきます。

292

2 コンポジションのフローチャートを確認する

まずはこの13秒のコンテンツが「どのようなコンポジション関係」でできあがっているのかを確認してみましょう。
特に、他者が作った作品やコンポジションなど、どのように組み立てられているかを余すところなくチェックするのはとても大事な作業です。
プロジェクトパネル右脇にある「コンポジションフローチャート」ボタン❶を押すと、コンポジションのフロー図❷が出てきます。

フローチャートパネルが出てきたら、この中にあるRenderというノードの＋ボタン❸を押してみましょう。

最終的に書き出すコンポジションが「Render」で、いくつものレイヤーで構成されています❹。

筆者はこのパネルを見る際、常にフローチャートパネル左下の［分岐線と曲線の切り替え：直線］［フローの方向：右から左］として確認するようにしています❺。

さらには、このフローチャートパネル左下のボタン、左から4つ
・フッテージを表示
・平面を表示
・レイヤーを表示
・エフェクトを表示
のチェックを外した状態で確認し❻、構造を理解したらひとつずつ
・フッテージを表示して数を確認
・レイヤー／平面を表示してその構造を確認
・かかっているエフェクトを確認

ということを行っています。
情報が多くて整理がつかないときほど、この図をしっかり見ることで「どのように作られているのか」をチェックします。

3 全体の構成確認

ここで扱うコンテンツの表現の中で大きなポイントを説明していきましょう。「Render」コンポジションでは、一番上の「質感表現用調整レイヤー」が表示速度を遅くする可能性がある「重い」レイヤーです。再生に時間がかかる場合は、この「質感表現用調整レイヤー」を非表示にしておきましょう❶。
タイムラインパネルの左下にある4つのボタンのうち、「レンダリング時間」ボタン❷を押すと、どのレイヤーがマシンに負荷をかけているかが表示されます❸。

4 音楽構成の確認

このコンテンツは全体に打楽器の音とシンセのアタック音でほとんどが構成されています。

制作にあたっては、次の点を意識して行いました。

- 4小節流れたら強いドラムが入ってくる（約7秒目）
- 1小節の2拍目3／4のところでシンセの音が鳴っている。
- 前半7秒と後半7秒で、同じトーン（色味や構図）は同じにしつつも挙動（モーション）を変えて、音楽の展開とモーションの展開を一致させる。
- シンセのアタック音にモーションの出るタイミング（もしくは消えるタイミング）を合わせ、音と動画の親和性を保つ。
- 7秒目で展開が変わる部分に、大きな画面変化（トランジションやグリッチに類するもの）を入れて、音楽が展開（変化）することを視覚的にも表示する。

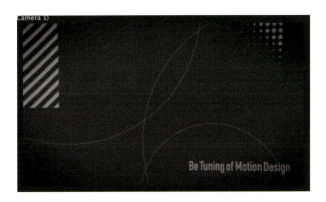

092 大きなコンポジションを使用した画面挙動

▶ TEC091.mp4

ここから一つの作品を紹介しつつ、その中でどのような演出を行っているかを見ていきます。また、何かを組み立てるというよりも「どのように考えて作っているのか」を中心に解説していきたいと思います。

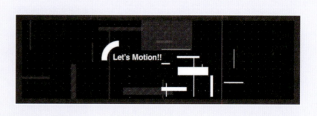

1 コンポジションの状態を確認する

練習用データ091のコンポジション「Render」を開いてください❶。ここでは完成図を見ながら何を意識して作っているのかを解説していきます。

2 コンポジションの中にコンポジションを入れる仕組みで画面全体のムーブを表現する

「Render」コンポジションには「Scene01」コンポジション❶が7秒目まで、「Scene02」コンポジション❷が7秒目以降に入っています。これらのコンポジションはそれぞれScene01が［**1920*2160**］、Scene02が［**3840*1080**］の大きさに設定されています。

Scene01、Scene02ともに、大きなコンポジションの中で動きを作成し、最終的に扱うRenderコンポジションでは各Sceneコンポジションを縦にスライド、横にスライドする形で使用しています。
特に後半の「Scene02」コンポジションでは、カメラレイヤーを用いて奥行きも表現しています。

特にここでのようなシェイプが激しく動くアニメーションでは「全体（各シーン）の統一感」が失われがちです。このシーン全体の「動きの統一」を行うために、大きなコンポジションの流れ（動き）というものを活用して音楽に合わせた場面転換を行っています。

093 カットを使った トランジションテクニック

▶ TEC091.mp4

After Effectsでは名前の印象からか「エフェクトを多用しなければいけない」と思われがちですが、実際には「カットの切り替わり」「フレームの切り替わり」でエフェクトを多用せずに豊かな表現を行えます。ここではScene01からScene02への切り替わりを見ていきましょう。

1 コンポジションの状態を確認する

練習用データ091のコンポジション「Render」を開いてください。

2 6秒目から7秒目の切り替わり部分に着目する

6秒目から7秒目で音楽が4小節進み、ループが一巡するとともに音が1つ追加されるため、シーンを転換します。その転換にはトランジションを組み込むことで、シームレスにシーンをつなげることができます。では、ここではどのようなトランジションを使うのが適切でしょうか。フェードなのか、ワイプなのか……。
この作例では、音が積み重なることから、大きめのグリッチを入れることで表現を豊かにしています。
ただ、ここまで端正なシェイプや文字が積み重なってきたものをここで無闇にノイズを載せ、不必要に画面を汚したくはありません。

このバランスを取るために「端正な文字が怒涛のように出てくることで、画面を汚さずバランスを崩さず、かつ情報量が一気に増える表現」というものを成立させたいと考えました。

作業として行っていることはとても簡単です。

6～7秒目に向けて重なっている「文字_動きの構造理解」というコンポジションを開いてください❶。
0:14f～2:00fにかけて、多数のシェイプレイヤーが積み重なっているのがわかると思います❷。

「動きの構造理解」という文字をシェイプ化したものに加え、一文字ずつ「構」「造」「理」「解」と分解したもの、さらには「挙動」「理解」「動作」「SHAPE」と、ここでの作例のテーマでもある「動きの構造を理解する」という作品意図に見合った文字を3～5フレームごとにエフェクトをかけずに、さらにはキーフレームも打たずに、ただカットイン、カットアウトするだけの文字を配列しました❸。

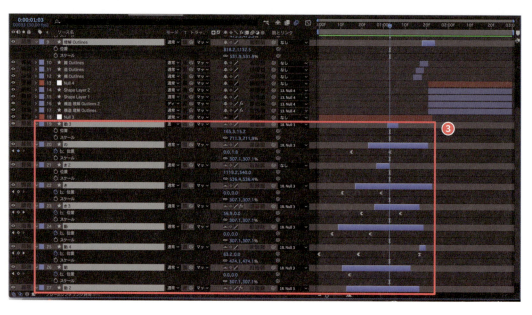

コンセプトは次のとおりです。
・画面からはみ出す大きさで（画面の外にも情報がある、広がりを表現する）
・バラバラのように見えて、左上に文字が出た後は右下に文字が出るように、と、なるべく画面全体に偏りがないように
・ジャンプ率（文字の大きさのバランス）が大きく画として楽しくなるように

このように、エフェクトを使わずとも、1フレームごとに要素をしっかり並べることでトランジションを手作りすることができます。

さらに言えば、エフェクトを使うよりも、1フレームごとのデザインをしっかり追い込めるという意味では、このように配置をきちんと詰めていく「レイヤー重ね」での表現は非常に扱いやすいです。
この「扱いやすい」の意味は「表現を自由自在に操れる」の意味です。決して「手軽に、簡単に」というわけではありません。

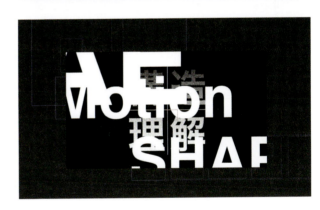

094 カットトランジションに扱いやすいエフェクトテクニック

▶ TEC091.mp4

前項では、作品の意図を組み込み、レイヤーを細かく重ねることで表現できるトランジションをご紹介しました。ここではさらに、この手法と相性がよい表現を2つご紹介します。

1 コンポジションの状態を確認する

練習用データ091のコンポジション「文字_動きの構造理解」を開いてください❶。ここでは完成図を見ながら何を意識して作っているのかを解説していきます。

❶

2 使用したエフェクトについて

前項では、エフェクトを使わずにグリッチ表現／トランジション表現を作る手法をお伝えしました。ただし、この作例では1:14f〜1:20fまで3つの調整レイヤーが重なっています。また、1:21fから登場する「構造理解」という名前のシェイプレイヤー2つにもエフェクトがかかっています。ここにはどのような演出意図があり、どのようなエフェクトをかけているのかを解説します。

3つの調整レイヤー

まず、上から3つの調整レイヤー❶では、ここまである程度モノトーンで動いてきたものが「ここで切り替わる」ことを印象づけるために「画面に色調を加えたい」と考えました。
ただし、あくまでも作品の意図を邪魔しないよう、わずかに色味を加えるために「色ズレ」の表現を取り入れました。

303

行っている表現はとてもシンプルです。1:14fから2フレームだけの上から3番目の調整レイヤーには［エフェクト］メニュー>［カラー補正］>［色かぶり補正］❷を実行して、［ブラックをマップ：原色に近い緑］［ホワイトをマップ：原色に近い青］❸としました。
これで白い文字が青くなりましたが、これではただの青い文字です❹。

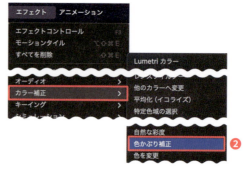

ここに［エフェクト］メニュー>［スタイライズ］>［エンボス］❺を実行し、［レリーフ：15］［コントラスト：300］❻としました。
これで、エンボスがかかっている内側は改めて色調が戻り、縁には色収差が現れました❼。

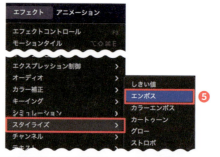

続いて、［エフェクト］メニュー>［チャンネル］>［CC Composite］❽を実行して［Composite Original：Overlay］❾に設定します。「エフェクトがかかる前の状態のレイヤーをオーバーレイで重ねる」という意味を持っています。これで、色収差が発生する縁には色味が、内側には元の白色が戻ってきました❿。

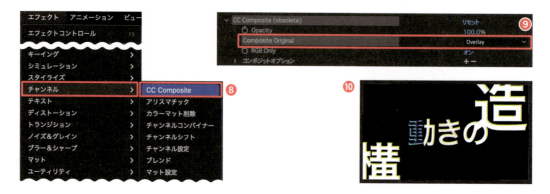

304

上にある2つの調整レイヤーは、直近に作成した調整レイヤーをコピー＆ペーストして、［**色被り補正の色調**］［**エンボスのレリーフとコントラスト**］を変化させて作成しています⓫。

3　ノイズの乗った文字表現

1:21fから登場する「構造理解」というシェイプレイヤー2つにもエフェクトがかかっています。このレイヤーは、テーマが「構造理解」の文字そのものなので、

- 文字のデザインを正方形にして中心に配置（ここまでのものとは異なる表現とする）
- 文字自体に色は付けたくないが、ここまでの文字とは質感を異なるようにしたい

という意図から、文字に若干ノイズ気味な「滑らかでないグラデーション」を用いて表現しました。

具体的には、それぞれ2つのシェイプレイヤーに［**エフェクト**］メニュー>［**トランジション**］>［**リニアワイプ**］❶を実行して［**変換終了：50%**］［**ワイプ角度：180°**］［**境界のぼかし：900**］❷と大きくグラデーションがかかるように設定した上で、レイヤー番号の若い側のシェイプレイヤー（上側）のモードを「ディザ合成」❸に切り替えました。
これで、ノイズグラデーションの完成です❹。

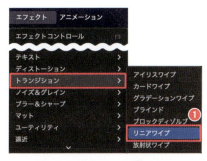

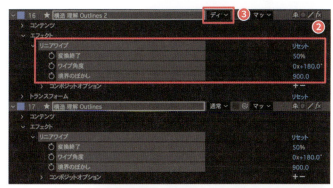

ここでお伝えしたいのは、「エフェクトを知る」「表現の技法を知る」ことよりも、「どのような意図でここに表現を加えるのか」をしっかりと吟味してほしいということです。もちろんそのためにさまざまな技法を知ることは重要ですが、使いどころは常に「作品のテーマは何か」を考えながら表現手法を取捨選択できる力を身につけることです。

095 文字をシェイプ化する実例

▶ TEC091.mp4

After Effectsでは、文字をシェイプ化してシェイプレイヤーとして扱うことができます。これは「フォントを持っていない別の方にプロジェクトファイルを渡す」際に使えるなど、アウトライン化の効果もありますが、そのほかにもこのような表現手法で使うことができます。

1 コンポジションの状態を確認する

練習用データ091のコンポジション「文字_動きの構造理解」を開いてください。

ここでは完成図を見ながら何を意識して作っているのかを解説していきます。

2 「動き」という文字が持つ意味を考える

この作例（作品）では、テーマとして「動きの構造理解」という言葉をキーワードにしています。そのため、「動き」「構造理解」という言葉に対してはその他の文字よりも重きを置き、表現としても印象強く、かつ意味がしっかりと伝わるように

デザインしたいと考えました❶。
ここでは、コンポジション中の「0:00f〜1:20f」を扱います。この50フレームの中で「動き」という文字がどのような意図を持っているかを考えながら、印象深い表現になるよう考えていきました。

❶

作業としては、「動きの」というテキストレイヤー❷を作り、その文字を選択して右クリックし、[作成] > [テキストからシェイプを作成] ❸を選択することで、文字をシェイプ化しました。

ここの演出意図は、以下のとおりです。
・「動」という漢字を偏と旁に分ける
・「重」と「力」に分かれるため
・「重」いものを「力」が協力して移動させる
・別角度から「き」が登場してきて、その回転角度に
  引っ張られるように「の」が出てくるようにする

0:10f～左側にラインが延びた「重」がラインに引きずられるかのような表現を行い、「力」が左から動作を示すように移動してくる❹。

0:13f～「重」の挙動をコピー＆ペーストし、色を濃い青にして薄い影のように追従するレイヤーとして配置し、動きに厚みを持たせる❺。

0:17f～「き」の字が回転しながら登場し、（回転の意図は「き」の書き順に準拠）その回転角度と同じ方向（右斜め下）から「の」が登場する❻。

0:27f～「き」の動きが誤動作（間違い）でないことを示すために、コピー＆ペーストし、「濃いグレー」にして拡大したレイヤーを下に配置し、動きを追従させることで多層化する❼。

1:02f～動きにおいて「力」が（物理的にも）意味を持つため、拡大した「力」レイヤーを配置し、モードを「差」にして白黒反転させ見やすく配置した❽。

という表現を行っています。

096 画面全体のシェイプ配置について ❶

▶ TEC091.mp4

モーションデザインにおいて、シェイプをどのように配置するか悩む方も多いと思います。私も教え子から「○○のシェイプをどうすればきれいに配置できますか？」と聞かれます。ここでは、前半のシーンを使いながら、シェイプデザインを考えていきましょう。

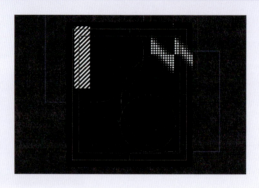

1 コンポジションの状態を確認する

練習用データ091のコンポジション「Scene01」と「Scene01_配列確認用」を開いてください。ここでは完成図を見ながら何を意識して作っているのかを解説していきます。

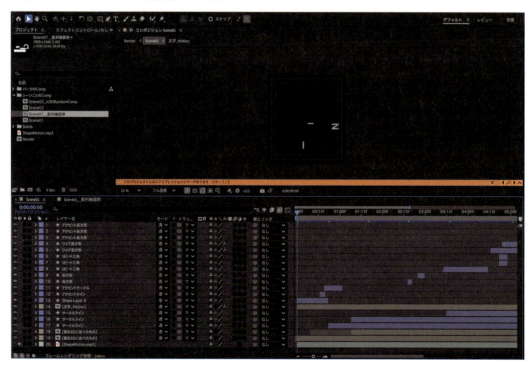

2 コンポジションの状態を確認する

さまざまなシェイプが縦横無尽に飛び交うような表現…何から手をつけてデザインするのがよいのか。ここはさまざま議論の余地はありますが、少なくとも「崩れたデザイン」にならないようにするための工夫はいくつか存在します。

たとえば、ここでの「Scene01」コンポジションでは音楽に合わせていくつかのシェイプが飛び交いますが、ランダムに配列しているわけではなく、いくつかの要素に分けて配置しています。具体的には「Scene01_配列確認用」コンポジションを見てみましょう❶。

このコンポジションは、Scene01から動きを取り払い、シェイプの配置のみを示しています。というか、むしろ最初にこの配置を考えてから、動きをつけていく流れです。

ここでは特に、コンポジションを下から上にスライドしていく表現が含まれているため、4秒16フレーム目あたりで前半後半の配置を分けて考えています❷。

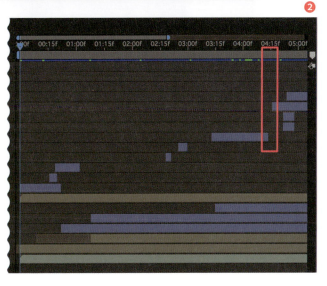

この、シェイプ の配置を考える際に重要視しているのが以下の点です。
- 基本モノトーンで考える。
- 色の要素は別途考えるとして、まずは白黒の2色で配置を考える。
- コンポジションパネル下の「タイトル／アクションセーフ」を表示し、そのラインを目安に図形を配置する❸。
- グリッドでもガイドでもよいけれども、アクションセーフは非常に扱いやすい枠のため、目安として活用することが多い。
- 図形の隙間を均一にする、図形の中央揃え、左揃えなど、後で動いた際に同時に表示されないとしても、同一フレームで見たときにある程度要素がきれいに整うように配置する。

もちろん、コンポジションの中に配置されているコンポジションなど、事前に動きをつけてしまったものなどもあるかと思いますが、できる限り配置を「1フレーム内で整頓」した状態を作ることを心がけておくと、動きをつけた場合に心地よい表現になる可能性が高くなります。

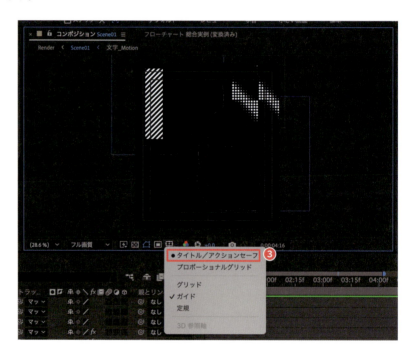

097 画面全体のシェイプ配置について ❷

▶ TEC091.mp4

この章の作例では、前半後半の2ブロックに分かれる中、後半では別の配置方法（3D）を使用しています。ここではどのようなデザインを行っているか見ていきましょう。

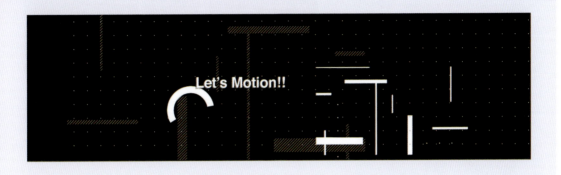

1 コンポジションの状態を確認する

練習用データ091のコンポジション「Scene02」と「Scene02_in3DRandomComp」を開いてください❶❷。
ここでは完成図を見ながら何を意識して作っているのかを解説していきます。

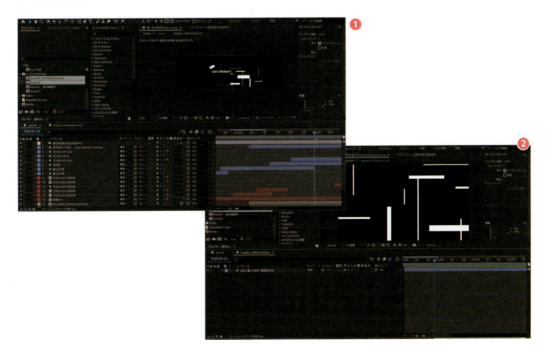

2　シェイプの配置について

7秒目以降の後半については、3Dを使った位相差表現を用いています。

オペレーションのポイントはTips 22「カメラを使ったふわふわアクション」で説明していますが、ここでは「Scene02_in3DRandomComp」のコンポジションを複数横に並べた「Scene02」というコンポジションを作り、そこにカメラレイヤーを配置する、という手段をとっています。

まずは、「Scene02_in3DRandomComp」コンポジションを見てください❶。ここはデザイン…というよりも、意図的に「あえてランダムにシェイプを配置した」コンポジションです。長方形ツールで多数の長方形を描いたものです。

ここでも、モノトーンに統一しています。

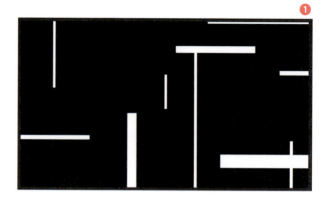

次に「Scene02」コンポジションを見てみましょう❷。「Scene02_in3DRandomComp」を複数配置し❸、それぞれに3Dレイヤーボタンにチェックを入れています❹。

そして、スケール及び位置を以下の点に留意しながら調整しています❺。
- Z軸はなるべくバラバラに
- スケールもなるべく比率が大きくなるようにし、大きなコンポジション、小さなコンポジションが存在するようにする。
- ときには反転、90度回転させるなど、「別のシェイプのように」見せる工夫をする。

加えて、上から14番目のレイヤーには、直線や長方形でできた縦横ラインがはっきり見えるデザインを強調するために［CC Ball Action］［塗り］❻のエフェクトをかけて、ドット模様を配置しています❼。

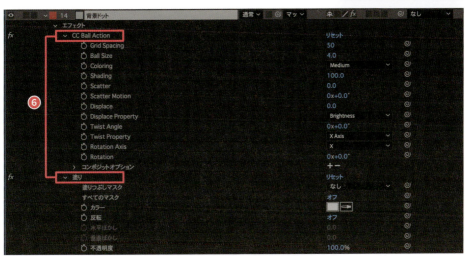

このコンポジション内に1ノードカメラを配置して、右から左にカメラを移動させることで、位相差のある空間表現を作成しました。

098 テキスト表現の実例 ❶

▶ TEC091.mp4

Tips 96、97では各要素の配置手法についてお伝えしました。ここでは、その要素それぞれの作り方について解説していきます。

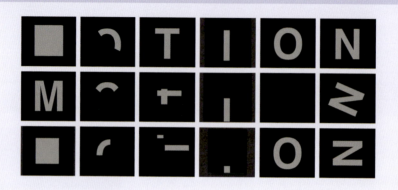

1 コンポジションの状態を確認する

練習用データ091のコンポジション「文字_Motion」を開いてください❶。
ここでは完成図を見ながら何を意識して作っているのかを解説していきます。

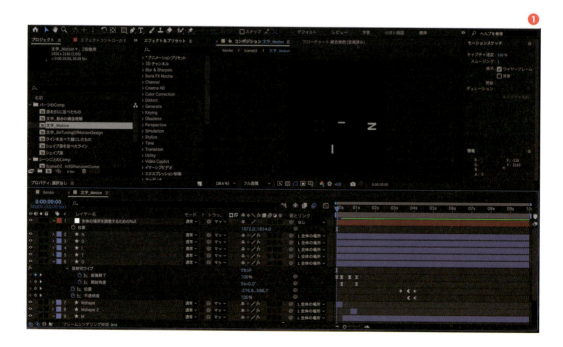

2 コンポジション「文字_Motion」について

このコンポジションはScene01で出てくる「MOTION」という文字をデザインするために作られたコンポジションです。

MOTION＝動き、という文字の表現を行うために、ある程度挙動をつけたい、と考えました。また、同時にこの作品のテーマワードにもなり得るため、ある程度の大きさ、動き、視認性を担保し、目を引く表現をしなければならないと考えました。

そこで、MOTIONとすべて大文字にした上で、各文字のシェイプ要素「M＝四角形」「O＝円形」「T＝三角形もしくは縦横のライン」「I＝縦ライン」「O＝円形」「N＝四角形」という図形の特性を生かして動きを考えました。

そのため、各文字をすべてシェイプ化し、「M＝長方形」が点滅してから登場する「O＝放射状ワイプで円形にトリミング」「T＝縦横のライン」が飛んできて合体「I＝縦」に流れてくる「O＝点滅」（他が多く動きすぎるので若干動きの要素を減らす）「N＝横からスライドイン」と各要素の動き要素を考えていきました。

その後、約1秒表示されたのちに、このブロック全体での「動きの統一性」を持たせたいために「最後は10フレームで下にスライドしながら不透明度が100%→0%」と統一した動きを与えることで、要素として1ブロックであることを示しています。

099 テキスト表現の実例 ❷

▶ TEC091.mp4

前項では、文字要素の組み立て方を一つご紹介しました。ここでもまた、もう一つの文字要素について作成時の思考をご紹介します。

1 コンポジションの状態を確認する

練習用データ091のコンポジション「文字_BeTuningOfMotion Design」を開いてください❶。ここでは完成図を見ながら何を意識して作っているのかを解説していきます。

2 コンポジション「文字_BeTuningOf MotionDesign」について

このコンポジションは「Scene01」で出てくる「Be Tuning Of Motion Design」という文字をデザインするために作られたコンポジションです。この要素は前項の「Motion」と異なり、メインテーマではなくサブ要素（読ませる意図は少なく、飾りデザインとして機能する）として考え、以下の点に留意して作成しました。

・あまりサイズを大きくしない
・登場の際に読む順番に文字が出てくる
・グリッチを挟んで目を引く
・アンダーラインを入れてブロックとして構成要素が1つであることを表現する

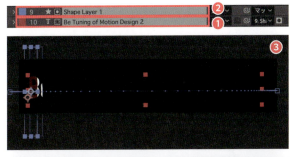

テキストアニメーターで登場する手法も考えましたが、ここまで他の要素が「単語としての動き」を行っていないため、ここではトラックマットを重ねて左から文字が登場するようにしました。
モノトーン以外の赤い文字を作り（レイヤー10番❶）、その上に小さい長方形のトラックマットレイヤー（レイヤー9番❷）を配置して横にスライドしてワンポイントカラーが入り、一瞬目が引くようにしています❸❹❺。

同様の操作はレイヤー7番と8番にも行います❻。方法はTips 7「シェイプとトラックマットを使ったトランジション」（31ページ）を参照してください。

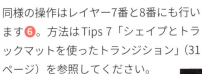

登場後、目を引くためのグリッチとして「2:10f〜2:23fフレーム」に調整レイヤーでグリッチを入れています❼。ここもオペレーションはTips 12「文字がグリッチで変化するアニメーション」（49ページ）を参照してください。

最後に、アンダーラインを一本引くことで、このブロックを「まとまった要素」として活用できるように工夫しています❽。

100 細かい模様を多数活用した パターン素材作成

▶ TEC091.mp4

エフェクトひとつで面白い表現ができるのもAfter Effectsの魅力ですが、パッチワークのように細かい手作業を積み重ねた表現もまた魅力です。キーフレームを少し修正するだけで全体の表現が変わるなど、修正時の柔軟性も高いため、こうした作り方に慣れておきましょう。

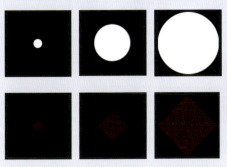
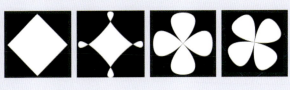

1 コンポジションの状態を確認する

練習用データ091のコンポジション「シェイプ源」を開いてください❶。解説は、このコンポジションをもとにして複数のコンポジションにまたがっていきます。
ここでは完成図を見ながら何を意識して作っているのかを解説していきます。

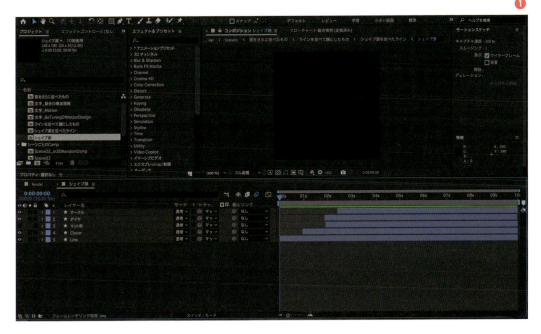

2 コンポジション「シェイプ源」について

このコンポジションは縦横がそれぞれ100pxと小さく設定されています。ここにシェイプレイヤーを5つ配置して、それぞれ

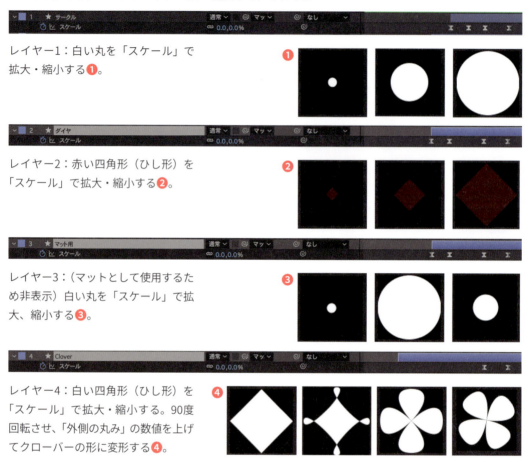

レイヤー1：白い丸を「スケール」で拡大・縮小する❶。

レイヤー2：赤い四角形（ひし形）を「スケール」で拡大・縮小する❷。

レイヤー3：（マットとして使用するため非表示）白い丸を「スケール」で拡大、縮小する❸。

レイヤー4：白い四角形（ひし形）を「スケール」で拡大・縮小する。90度回転させ、「外側の丸み」の数値を上げてクローバーの形に変形する❹。

とキーフレームを打った上で、レイヤー3をトラックマットとしてアルファ反転させます。

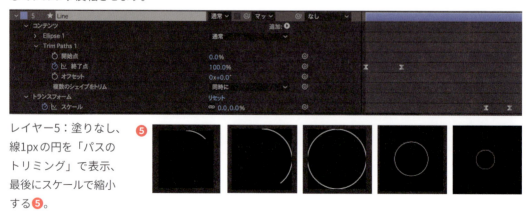

レイヤー5：塗りなし、線1pxの円を「パスのトリミング」で表示、最後にスケールで縮小する❺。

と、非常に単純な動きの組み合わせで4秒分の動きを作成しました。このときは、あまりデザイン的に詳細は考えずに作っていきました。
後で修正したり、追加、削除することもラクですし、レンダリングも素早いため「とりあえず何か図形を描こう」というイメージです。
ただ、自分の中のルールとして以下の点を設定し、グループ感を出しています。

・中心点がずれた動きは用いない
・奇数角形（三角形、五角形）は使わない
・消えるタイミングはすべて一定に縮小
・イージングの動きは一定に

3 このコンポジションを横に並べる

次に「シェイプ源を並べたライン」コンポジションを開いてみましょう❶。このコンポジションのサイズは縦100px 横1000pxで、ここに「シェイプ源」コンポジションを配置し、10個複製します❷。

その後、整列パネルで左右に並べたあと、登場するタイミングを右から順番に2フレームずつずらしました。

さらに「ラインを並べて面にしたもの」コンポジションを開いてみましょう❸。同様に、この「シェイプ源を並べたライン」コンポジションを今度は縦に10個並べ、同様に2フレームずつ登場をずらしました❹。

これだけで、1つの小さなコンポジションのシンプルな動きが、多数集まって規則的な表現として登場しました。

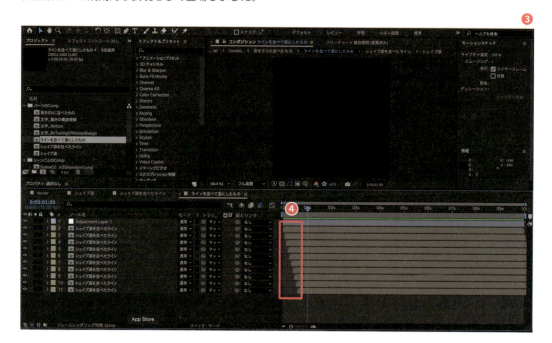

類似の表現はエフェクトを組み合わせても作れるのですが、ここで組み上げた場合、「シェイプ源」コンポジションで少しキーフレームの位置を動かしたり、シェイプを足し引きするだけで、動きの想像がつく範囲内で大きく表現が変わるため、コントロールしやすく、修正も容易に行えるという利点があります。

最後に、調整レイヤー❺を上に配置し、[**Lumetri カラー**]で[**ビネット**]を下記のとおりに設定して全体にかけてグラデーションをかけます❻。

[適用量：5]
[中間点：70]
[角丸の半径：20]
[ぼかし：60]

また、ノイズを若干乗せることで質感を加えています。

101 質感表現

TEC091.mp4

ここまでさまざまなモーション演出の思考方法をお伝えしてきましたが、最後に、質感表現についてお伝えします。この「質感」についてこだわるかどうかで、クオリティがグッと変わってきます。

1 コンポジションの状態を確認する

練習用データ091のコンポジション「Render」を開いてください❶。ここでは完成図を見ながら何を意識して作っているのかを解説します。

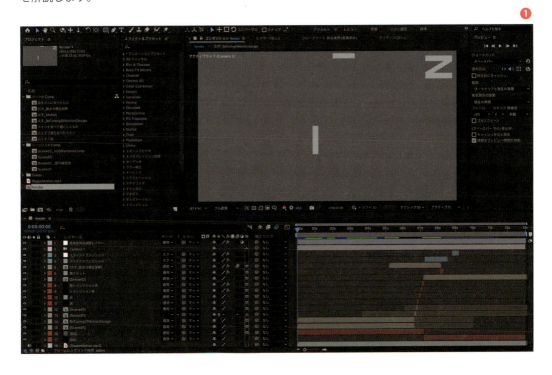

2 質感とは

質感とは、画面全体のトーン、グレイン（ノイズ）の乗り方、色の整い方などを示します。

実写においては、フィルムやカラー調整、照明によって被写体の見栄えをコントロールしますが、すべてをデジタルの世界で作るAfter Effectsでは、基本的なシェイプ、基本的な表現がまず「完全にフラットな世界（グラデーションもノイズもない）」から始まります。

ノイズは決して悪ではありません。全体にトーンを統一するために薄くノイズを載せたり、統一した色調にするために色補正を行ったりと、さまざまな工夫をしていきます。

ここで「Render」のコンポジションの中で一番上にある「質感表現用調整レイヤー」❶を選択してみましょう。そして「目玉マーク」（表示／非表示）❷をクリックして、その表現の違いを確認してみましょう。この調整レイヤーで、全体のノイズや質感をすべてコントロールしています。

この調整レイヤーには下記の4つのエフェクトがかかっています。
[**Lumetri カラー**] [**CC Lens**]
[**ノイズHLS**] [**ブラー（ガウス）**]

Lumetri カラー

露出を下げ、白がどぎつくならないように（見やすくなるように）明度を調整している。[**ビネット**] で [**適用量：-2**] にして、周辺減光（画面の四隅が暗くなる）表現を加えることで、フラットな表現から実写の表現に近づける❸。

CC Lens

広角レンズのように周辺を歪ませ、ここも「あたかもカメラで撮られたかのような」表現を加える。プロパティは [**Size：465**] に設定する❹。

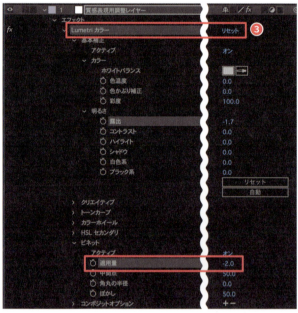

ノイズHLS

画面全体に薄くノイズを載せることで、フィルムのような質感を与える❺。

［ノイズ：粒状］［色相：3］［明度：2］［彩度：2］
［粒のサイズ：0.15］［ノイズフェーズを10秒で1回転］

ブラー（ガウス）

ほんのわずかに全体をぼかすことで、レンズ越しの実写のような表現を加える。プロパティは［ブラー：2］に設定する❻。

それぞれ、以上のように細かい調整を行ってきました。

なお、質感関係（色調補正やノイズ）を加えると、再生に不具合が出るほどにレンダリングが重くなる可能性があるので、まだ修正を加えていく場合は、いったん非表示にしておくことをおすすめします。

Profile

山本　輔　Yamamoto Task

映像作家・モーショングラフィックデザイナー。2015年「彌榮制作 -Production YiYasa」を設立。TVCMや企業プロモーション映像、ミュージッククリップ、インスタレーションなどを手がける他、VJ（ビジュアルジョッキー）として、歌舞伎町、神田他さまざまなアート/クラブイベントに定期参加。また、渋谷・青山・日本橋で開催する動画・モーショングラフィックスの学校「BYND」の講師として登壇・カリキュラム開発を含め後進の育成にも尽力する。その他、音楽と映像の融合に向けた活動を中心に、テレビタレント、ラジオパーソナリティ、舞台（オペラ）、スチールカメラマン、企業研修など幅広く活動中。

株式会社彌榮：https://www.yiyasa.jp
X：x.com/taskyamamoto
Instagram：instagram.com/taskyamamoto/
YouTube：youtube.com/taskyamamoto
Note：note.com/taskyamamoto/

Staff
カバー・本文デザイン　宮嶋 章文
編集制作　　　　　　桜井 淳
制作協力　　　　　　天野 李咲 / 糸井 みさ / 岡見 菜那 /
　　　　　　　　　　小川 仁美 / 島村 翼 / 千葉 悠 /
　　　　　　　　　　福島 康浩 / 前田 麻美子 / 山本 裕子

After Effects モーションデザイン
テクニック Collection

2025 年 1 月 7 日　初版第 1 刷発行

著　者　　山本 輔

発行人　　片柳 秀夫
編集人　　平松 裕子

発　行　　ソシム株式会社
　　　　　https://www.socym.co.jp/
　　　　　〒 101-0064
　　　　　東京都千代田区神田猿楽町 1-5-15 猿楽町 SS ビル
　　　　　TEL：03-5217-2400（代表）　FAX：03-5217-2420

印刷・製本　シナノ印刷株式会社

定価はカバーに表示してあります。
落丁・乱丁本は弊社編集部までお送りください。
送料弊社負担にてお取替えいたします。

ISBN978-4-8026-1497-9
©2025 Yamamoto Task
Printed in Japan

● 本書の内容は著作権上の保護を受けています。著者およびソシム株式会社の書面による許諾を得ずに、本書の一部または全部を無断で複写、複製、転載、データファイル化することは禁じられています。
● 本書の内容の運用によって、いかなる損害が生じても、著者およびソシム株式会社のいずれも責任を負いかねますので、あらかじめご了承ください。
● 本書の内容に関して、ご質問やご意見などがございましたら、弊社 Web サイトの「お問い合わせ」よりご連絡ください。なお、お電話によるお問い合わせ、本書の内容を超えたご質問には応じられませんのでご了承ください。